# ESSAI

# SUR L'AGRICULTURE

## DE QUELQUES CANTONS

DU DÉPARTEMENT DE LA LOZÈRE.

# ESSAI

## SUR

# L'AGRICULTURE

### DE

## QUELQUES CANTONS

### DU DÉPARTEMENT DE LA LOZÈRE.

## LYON.

### IMPRIMERIE DE A. BRUNET,

GRANDE RUE MERCIÈRE, N. 44.

—

## 1831.

# ESSAI

# SUR L'AGRICULTURE

## DE QUELQUES CANTONS

du Département de la Lozère.

---

## OBSERVATIONS PRÉLIMINAIRES.

En parlant de la Lozère, faut-il répéter après tant d'autres que ce département, formé de l'ancien Gévaudan, est montrueux, froid et peu fertile ? non sans doute, puisque cette description sommaire et banale, ne s'applique pas à la généralité d'un pays qui présente des contrastes rapprochés et très-frappans. Les végétaux du midi de l'Europe se cultivent au voisinage des plateaux sur lesquels des herbages seuls peuvent subsister ; le caractère et les habitudes de la population changent en raison des sites et des obstacles que la température met aux travaux extérieurs : Par conséquent, pour faire connaître cette province avec exactitude, il faudrait indiquer les nuances les plus remarquables du climat, du sol, des productions qui en dérivent, et distinguer les occupations agricoles ou industrielles des habitans. Jusqu'ici ces différences constitutives n'ont jamais été approfondies. Les dissimilitudes de territoire mal analysées, il est impossible d'arriver au véritable terme moyen du revenu , et de donner par là une juste répartition des charges publiques, base essentielle de la prospérité rurale.

Ce n'est donc que par des observations raisonnées

qu'on pourra apprécier les ressources de la Lozère et les améliorations dont son agriculture est susceptible.

De pareilles recherches, pour être complètes, demanderaient des connaissances variées et étendues ; ne les possédant point, je me bornerai à tracer de simples aperçus relatifs aux cantons granitiques. De ce qu'ils n'ont été décrits que dans des topographies excluant les détails et l'examen, qu'ils luttent contre d'immenses entraves, qu'ils sont peu productifs, placés sous une température sévère, et arriérés dans leur civilisation ; ils doivent inspirer une plus vive sollicitude pour le perfectionnement de leur agriculture et de leur industrie. Dailleurs, sans cette condition, ils ne sauraient réagir sur les progrès du reste de la province, qui du bien-être de cette fraction peut retirer des secours efficaces.

L'industrie manufacturière de ces cantons exigerait aussi d'être soigneusement étudiée. La fabrication des étoffes en laine y est considérable, très-disséminée et devient un heureux supplément à l'exploitation des terres. Les troupeaux faisant à la fois la richesse des champs et des ateliers rustiques, ces élémens de fortune s'identifient et se combinent d'une façon si intime que, de leur entier développement, doit survenir un état meilleur pour ces contrées sauvages.

La partie de la Lozère où la vigne et le mûrier sont plantés, est connue sous le nom de CÉVENNES. Les plateaux calcaires et schisteux où le froment se cultive, mais où le manque d'arbre éloigne les principaux produits des vallées limitrophes, porte le nom de CAUSSES. Ils forment la ligne intermédiaire entre les Cévennes et la MONTAGNE proprement dite. C'est à leur extrême nord que coulent le Lot et la Coulagnes, dont les rives, aux approches de Mende et de Marvejols, sont fertiles en céréales, en fourrages et en fruits de toutes espèces. Mais la culture des Causses n'a point encore l'activité éclairée qui règne dans l'arrondissement de Florac, où l'on voit ces murs de soutènement, ces transports de terre et d'engrais à des hauteurs prodigieuses, et tous ces travaux admirables qui mettent ceux qui les exécutent au premier rang des cultivateurs du royaume et peut-être du monde.

Le pays granitique, ou haut Gévaudan, se désigne vulgairement par le nom de MONTAGNE. Cette dénomination est affectée à la partie élevée, où le froment est peu connu. Il n'est aucun Lozèrien qui ne saisisse dans tous ses rapports ce que comprend cette classification. Néanmoins, pour plus de précision, on rangera dans cette catégorie vers le septentrion, l'occident et l'orient, les cantons du Malzieu, St-Chély, Fournels, Aumont, les enclaves de ceux de Nasbinals, de Marvejols, Serverettes et St-Amand en entier, des parcelles de celui de Mende, la totalité de ceux de Châteauneuf-Randon, Grandrieu, Langogne, et des démembremens du Bleymard et de Villefort.

Du sud au nord, cette circonscription est tantôt coupée, tantôt limitée par la chaîne des monts de la Lozère, de la Margeride et l'appendice occidental d'Aubrac; de ces points culminans, liaison des Alpes et des Pyrénées, partent plusieurs des ramifications montueuses qui couvrent la France. La cîme la plus éminente de la Lozère donne son nom à la contrée entière; sa hauteur est de 1519 mètres, ses eaux versent, par cinq grandes branches, à l'Océan et à la Méditerranée.

Les glaces et les brouillards sont plus de la moitié de l'année le triste partage de ces sommités primitives; elles sont mêmes périlleuses à traverser lorsque les tourbillons, si fréquens dans ces contrées, soufflent la neige, l'amoncellent et comblent tous les passages.

Dans les beaux jours, un sol hérissé de rochers sans grandeurs, une végétation uniforme, pauvre et sans éclat, le défaut d'arbres et l'état habituellement sombre de l'atmosphère, rendent ces solitudes d'une monotonie désolante. Quant à la culture, les alternatives d'humidité et de fraîcheur piquante arrêtent le cours de la végétation; sur des abaissemens on est parvenu à acclimater quelques céréales, pourtant les récoltes sont souvent surprises par les frimats, et les dépenses de défrichement sont sans bénéfice. Les herbages que fournissent ces montagnes en seront toujours le plus précieux revenu; mais les riverains abandonnent les résultats apparens de ces dépaissances à des propriétaires du Gard et de l'Hérault, qui disposent de ces parcours pour une modique redevance, tandis qu'il serait facile de concentrer dans la Lozère le profit intégral de ces pâturages, au moyen d'associations intérieures tendant à l'expulsion des étrangers; car les avantages actuels ne seraient rien en proportion de ceux à retirer des spéculations locales, calculées sur l'accroissement des moutons communs, l'entretien des nouvelles races et leur mélange avec celles du pays. Nous aurions à cet égard une vaste carrière à parcourir, puisque ces herbages ont plusieurs milliers d'hectares, et ce n'est que sur des flancs et des anses, auprès des habitations, que le bétail indigène se répand.

Les troupeaux transhumans se réunissent et partent du littoral de la mer en brigades nombreuses. Rendus sur la Lozère, ils vivent sans parcs, sans asile, comme des nomades, sur les stations assignées à chacun par des BAÏLS (nourriciers), agens ordinaires de ces migrations, qui durent environ six mois. Les bergers n'ont de relations que pour leur nourriture avec les fermes circonvoisines, d'où ils retirent aussi le sel qu'on est dans l'usage de donner aux moutons; et même en automne, un trou dans la terre et une couverture sont l'unique refuge de ces hommes qui semblent organisés pour supporter sans fatigues les inconvéniens de leur isolement.

Si les longueurs et les frais d'une pénible route, l'absence de toute surveillance, la perte de l'engrais et le prix des pâturages ne font jamais interrompre ces transhumances, quoique notre situation ne soit pas positivement analogue à celles des cultivateurs qui s'y soumettent, il est probable qu'en vérifiant la sphère de nos besoins, se trouvera démontré l'utilité de soutenir une concurrence en ce genre, et c'est ce que je crois pouvoir établir plus tard.

Les montagnes d'Aubrac sont plus estimées que les précédentes ; elles se fauchent, sont pâturées par des vaches, et on les considère comme une des richesses de l'arrondissement calcaire de Marvejols, dont elles sont une annexe.

Aux lignes âpres et presque dépeuplées des plus hautes montagnes, s'appuient graduellement les rampes habitées. L'épaulement à l'est des crêtes primordiales incline au nord, et figure un des évasemens du bassin de l'Allier. La pente de cette rivière est roide, et non loin de sa source elle est déjà très-encaissée. Par leur dimension et leur prolongement, les vallées supérieures de l'Ance et du Chapauroux forment les deuxièmes coupures principales de l'espace entre la chaîne des monts et l'Allier. Les ruisseaux qui les arrosent vont, par une courbe sinueuse, de l'ouest au nord, se jeter dans cette dernière rivière. Après cela, on trouve plusieurs vallons de moindre importance fort variés d'aspects, dont les affluens finissent par déverser au grand courant de cette division. Les enfoncemens, les ados, les revers provenant de ce mouvement prononcé du sol procurent des reflets qui adoucissent la rigueur des saisons, et des abris contre les froids perçans; mais les eaux sillonnant des terres légères, il en est résulté des escarpemens vifs, sujets à se détériorer, et comme les rebords des rivières sont resserrés et peu aplatis, le détritus des collines dépasse nos rivages et va attérir les champs féconds de la Limagne.

La pente occidentale de la Margeride se dessine brusquement et sert en quelque sorte de contrefort au territoire inférieur, qui semble plutôt pencher du plateau d'Aubrac. La Truyère reçoit dans son cours septentrional une multitude de courans, et la Coulagne, sur une moindre étendue, ceux qui circulent au midi. Dans toute cette section le pays est plus uni, les ravins sont moins creux; les bassins mieux espacés renferment de belles vallées propres à toutes les cultures; mais les monticules sont peu chargés de terre végétale, et l'uniformité du terrain n'offre point de transition de climat aussi propice aux moissons qu'au levant de la montagne.

Au midi et par-delà l'Allier, la température ne tarde pas à être favorable; le châtaignier y est cultivé, et l'on se ressent déjà, sur toute cette lisière, de la proximité des Cévennes, ce qui dispense d'en prolonger la description.

Un des traits distinctifs de la contrée granitique, c'est le dénûment d'arbres isolés de plantations, même de haies. Les grandes cîmes seront bientôt déboisées; on y poursuit impitoyablement la destruction des bois, sans s'apercevoir qu'une des conséquences infaillibles de leur disparition est de faire rédimer la population: parce que sous une latitude glaciale, si les combustibles manquent, les hommes doivent fuir.

Enfin, on reconnaîtra distinctement les fractions de la Lozère, sur lesquelles mes observations reposent, à l'identité du sol granitique. Cette masse n'est pas sans quelques modifications ; par exemple , le kaolin , l'alomine , le feld-spath , etc. , ne sont point partout en proportion constante ; il y a encore d'autres anomalies , telles que des veines schisteuses , des bancs calcaires et d'antiques éruptions volcaniques ; mais ces nuances d'agrégat et ces accidens de terrains sont rares , ou ne peuvent dénaturer les bases radicales. Les effets des expositions des saillies de rocher de la hauteur relative , les courans d'air , et toutes les circonstances physiques qui constituent des oppositions de température , quoiqu'à de petites distances géographiques , n'entrent point dans mon plan. L'harmonie qui existe dans l'amalgame fondamental du sol , dans le climat , les récoltes et les habitudes rurales , dispense de détails minutieux. C'est par l'analogie et par des expériences répétées que, des principes généraux, on pourra déduire des systèmes applicables à toutes les hypothèses.

Le pays granitique n'étant véritablement cultivable qu'aux pieds des grands sommets qui le couronnent , la végétation, y est moins tardive , moins restreinte ; c'est là que commence la culture, où les améliorations seraient possibles et profitables ; malgré une atmosphère dure et inégale , et le peu de qualité des terres, on est toujours sûr d'y récolter du seigle , de l'orge , de l'avoine , des raves , des pommes de terre , du fourage , du bois ; mais presque point d'autres productions des zones tempérées , si ce n'est du froment semé par exception sur de petits dépôts fluviatés , ou des coulées volcaniques quelquefois parsemées sur le territoire sablonneux.

Mais il est visible que nous ne mettons ni ardeur ni vigilance à soutenir ce qu'on regarde même dans l'état actuel de l'agriculture comme les obligations du bon entretien des terres. Nos exploitations sont composées , en partie, de bois en dévastation et jamais

repeuplés, de champs qui se décharnent et s'agran-
dissent par des défrichemens effrénés qui rongent les
coteaux et ensablent les vallées, d'une culture pauvre
d'engrais et réglée d'après un ordre de labours et
d'assolemens épuisant le sol de prairies mal tenues,
sans créer celles que des sources multipliées permettraient de fonder, d'héritages déclos et non plantés;
enfin, de chemins impraticables.

Dans l'industrie en bétail notre insouciance est également remarquable : les travaux champêtres n'ont lieu
qu'avec des bœufs; on spécule sur leur engrais et le
produit des vacheries, mais les plus beaux élèves sont
importés parce que l'on ne tente pas de relever la
race indigène, dont la production n'est point soignée.

On nourrit beaucoup de chevaux ainsi que des
mules et mulets; ce négoce deviendrait plus lucratif,
en cherchant à embellir les formes de ces animaux.

Les porcs sont très communs dans toutes les cam-
pagnes, mais ceux qui ont le plus de valeur sont
d'origine étrangère.

Les moutons distingués par leur port, la bonté de
la chair et la beauté du lainage ne sont ni à leur contingent réel, ni au dernier terme de la perfection des
toisons. Les troupeaux se recrutent sans choix; en les
augmentant et en visant à obtenir plus de supériorité
dans la finesse et la longueur de la laine, à l'aide de
croisemens, on raviverait la fortune des montagnards.

Les tissus en laine unis ou croisés, se fabriquent
dans tous les ménages. Cette occupation si productive
pendant les longues périodes d'hiver, menace de s'é-
teindre faute de vouloir la régénérer par quelques
améliorations; cependant il n'est point de ressource
à la prospérité de laquelle il nous faille attacher autant d'intérêt et de persévérance.

Alors on explique très-bien pourquoi nous comptons

une si grande quantité de propriétés en décroissance, ou stationnaires. Lorsque l'équilibre entre les recettes et les dépenses agricoles se dérange, que la culture tombe et se ravale, il est manifeste, sans autres considérations, que des changemens sont nécessaires ; et, pourrait-on en contester l'opportunité , au moins pour ces fermes qui ont vu passer des siècles sans que la rente y ait rien gagnée ? Le faible nombre d'exploitations florissantes que nous avons, devrait rendre la conviction des réformes encore plus pénétrante , et décider à être attentif aux abus de la coutume , en corrigeant ce qu'ils ont de condamnable. La direction rectifiée de nos moyens, mis en accord avec une exacte appréciation des facultés locales , mènerait à des bonifications certaines , les succès de quelques laboureurs en donneront l'assurance, et en divulguant ces améliorations obscures ou inaperçues , la puissance irréfragable des faits sera sans réplique. En conseillant des efforts corrélatifs , mes assertions n'apparaîtront donc point sous la couleur de vagues et hasardeuses théories.

Des données statistiques confirmeraient dans cette opinion ; mais la difficulté de rassembler des documens positifs n'a pu être vaincue par l'administration , et des renseignemens privés ne pourraient y suppléer ; cependant, d'après les rapprochemens qu'il est aisé de faire, on est conduit à conclure que l'industrie rurale des montagnes Lozériennes a à peine été ébranlée par la diffusion des connaissances modernes, qui a influé sur l'agriculture de la majeure partie de la France et ajouté à l'aisance des cultivateurs.

Selon le recensement de 1689 [1], le Gévaudan renfermait 148,767 individus. Les derniers tableaux

---

[1] Mémoires de Basville. Calcul fait sur 4 personnes 1/2 par feu.

n'atteignent pas ce chiffre ; des ordonnances royales ne le fixent qu'à 138,778 habitans ; d'autres états publiés le font monter un peu plus haut ; mais, quoiqu'il en soit, il y a signe de déclin, ou toujours de suspension, malgré le retranchement de quelques lieues carrées, opéré par la démarcation départementale. Les guerres de religion ont fait une plaie sanglante aux Cévennes. La peste de 1720 a dû coopérer aussi à ce ralentissement ; cependant la Montagne aurait conservé une attitude plus imposante, soit parce qu'elle a été préservée de ces deux fléaux, ou que ses habitudes mécaniques aient protégé l'accroissement de sa population ; il est notoire qu'il y a beaucoup de communes plus peuplées qu'en 1689, et qu'il n'y en a guère qui le soient moins. Nous ne connaissons point les maladies endémiques et contagieuses. Les intermittences de la température occasionent les principaux accidens qui abrégent la vie. Un changement dans la position intellectuelle et matérielle du peuple contribuerait à assurer les bienfaits de sa constitution vigoureuse, et réciproquement à lui donner l'intelligence et la force pour animer ses labeurs comme au midi du département.

En demandant des améliorations, je dois néanmoins déclarer que je n'excite pas à l'engoûment exclusif des innovations, ni au mépris pour tous les enseignemens du passé ; des bouleversemens absolus conduisent presque toujours à des déceptions qui ruinent ou découragent, et font peser des oppositions tenaces sur les meilleurs projets. C'est à cet écueil que viennent échouer les agronomes sans pratique ; mais il est possible d'entrer dans une voie raisonnable de perfectionnement qui soit exclusive de tous les excès et c'est à ce but que nous devons tâcher de parvenir.

On dit que notre indifférence à l'avancement de

l'agriculture, est le fruit de la simplicité et de la modération, apanage héréditaire des montagnards, les goûts étant modérés, les dépenses bornées, on a moins de privations, ou elles agitent et tourmentent peu, parce qu'on est satisfait d'être comme ceux qui nous ont précédés. Voilà sans doute le bonheur.....! mais ces restrictions au désir d'un mieux, sentiment universel chez tous les hommes, ne sont que des suppositions sans vérité. Un peuple relégué dans une contrée sauvage et reculée, mais lié à une grande nation dont il partage les lois, les charges et les coutumes, n'est pas le maître de rester en arrière de la civilisation générale, comme s'il s'était maintenu dans les traditions de l'indépendance. Son intérêt lui tracerait d'ailleurs d'autres maximes; et si l'on considère que nous sommes, avec peu de connaissances élémentaires, misérablement nourris, grossièrement vêtus, mal logés et, en plusieurs rencontres, contraints à nous expatrier pour vivre, on conçoit que la résignation a cette destinée n'est point due au calme et au repos qu'inspire une position sociale et morale privilégiée, ou une aisance universelle, régulièrement répartie. Engager les montagnards Lozériens à végéter dans l'engourdissement de l'apathie, c'est vouloir les précipiter vers la détresse, la dépopulation et l'immoralité, puisque ce serait accélérer la perte de l'agriculture et des manufactures qui, en dépérissant encore, entraîneraient des maux irréparables.

Les familles subsistant sans travail, tiennent cet avantage de l'exploitation des terres, principe plus ou moins direct de toutes les fortunes. Si aujourd'hui les vicissitudes agricoles ne les touchent plus d'aussi près, elles ne sauraient pourtant être inaccessibles aux réactions prospères ou décroissantes du produit territorial. Ce n'est point pour fomenter un luxe frivole, que l'on appelle une activité plus forte, plus éclairée, mais pour faire naître ce degré d'aisance publique, qui profite à tous. En faisant devancer, par une protection convenablement dirigée, l'essor que doit prendre l'industrie rurale et manufacturière ; les plus fortunés même verraient exhausser leurs revenus et leurs capitaux, et par conséquent doubler leurs jouissances, en recueillant encore la prépondérance d'un patronnage de bienveillance, de confiance mutuelle que notre ancienne organisation n'autorisait pas. En effet, laissant en dehors les égoïstes et les négligens incurables, est-il un homme d'un esprit et d'un cœur droits, qui, en se défaisant des illusions ou de l'imprévoyance inspirée par la prospérité du moment, puisse affirmer que son indépendance sera transmissible à ses enfans ? l'opulence et la médiocrité sont proportionnellement sujettes au même avenir. La consistance d'une génération inoccupée est difficilement perpétuable à celle qui lui succède ; et, par la seule force des choses, celle-ci voit à son tour que son patrimoine est insuffisant à l'aisance de ses premiers continuateurs. Tout invite donc à entrer dans les spéculations qui permettraient d'alléger pour les siens cette inévitable destinée, et à diriger l'éducation dans cette pensée, afin qu'elle donne des lumières et des forces qui fassent prendre plus d'assurance en soi-même ; car, en partant de trop bas, le choix des moyens n'étant plus libre, ces déterminations sont moins honorables et moins capables d'imprimer un mouvement salutaire au pays.

La tâche de stimuler les laboureurs au bien qu'ils méconnaissent et auquel ils ne sauraient aborder, est réservée à ceux qui par leur savoir, leur patriotisme et leur fortune, sont à la tête de la civilisation ; ils peuvent, à plusieurs égards, mieux juger ce que les circonstances prescrivent, faire les avances qu'elles réclament, courir, sans trop de périls, les hasards des premiers essais, et mettre dans l'exécution l'énergie de volonté et l'intelligence sans lesquelles toutes les carrières sont fermées et sans triomphes. Les grands propriétaires qui ne s'aveugleront point et qui sauront repousser les méthodes surannées et incohérentes, tout en mûrissant leurs entreprises, et les conduisant dans des vues sages et libérales, ont une belle vocation à suivre en prenant l'initiative-pratique pour populariser les améliorations utiles aux masses. Les chances de réussites sont nombreuses; car, dit Montaigne, « l'accoutumance, plutôt que la science, « nous mène à la connaissance de la plupart des « choses qui nous sont entre mains et nous en ôte « l'étrangeté. »

Pour favoriser cet ascendant il faut trouver dans le Gouvernement une liberté immuable et consciencieuse qui prémunisse contre les excès, les impôts arbitraires ou accablans, garantisse des réglemens limitatifs de l'industrie et fasse une barrière insurmontable contre les aberrations administratives et politiques. Ces conditions indispensables à tout succès agricole et commercial ne dépendent pas de nous; mais il est infaillible que sans leur accomplissement les prévisions locales, quelque habiles et quelque généreuses qu'elles soient, seront déçues. Après cela, pour que la population ressente dans une durée indéfinie des améliorations qu'elle est en droit d'espérer, on doit préparer et poser les réformes de manière à ce qu'elles puissent suivre par elles-mêmes, sans choc et sans retard, les phases progressives des perfectionnemens ultérieurs. On ne parviendra à ce résultat qu'en diminuant l'ignorance du peuple qui le retient dans des liens dont il ne peut se dégager malgré sa capacité et ses forces natives qui ne suffisent pas pour lui donner une perception claire et réfléchie avec laquelle il ait la faculté d'étudier les faits sous toutes les faces et d'apprendre à mettre la vérité partout où elle doit être. L'éducation primaire placerait donc auprès de chacun de nos besoins l'action de l'agent le plus régénérateur qu'il soit permis de créer.

Dans un opuscule spécial [1] on a détaillé l'issue qu'aurait parmi nous l'enseignement primaire, étendu jusqu'aux indigens. Il serait superflu de revenir sur une démonstration si palpable : ces idées sont au nombre de celles que la raison admet sans réserve, et qui sont gravées dans le cœur par l'instinct de tous les sentimens religieux et civiques.

Il serait encore à souhaiter que les Lozériens, entraînés loin de leur pays par la fougue de l'ambition, pussent croire que c'est au foyer domestique où ils trouveraient le bonheur le plus pur, et non dans la vie errante. Les empêchemens à une agmentation de bien-être s'évanouissent bien vîte par le concours d'hommes entreprenans, décidés à briser les résistances. Quelle que soit l'inclémence des saisons, l'aridité du sol et les contrariétés qui, au premier abord, pénètrent d'abattement, la nature a des compensations qu'elle ne refuse jamais d'accorder à quiconque a la noble émulation de les mériter. « Avec la prudence pour ima- « giner, le courage pour exécuter, il n'est point de « désert où le travail ne fasse épanouir la rose. [2] » A toutes les époques et dans tout l'univers, les montagnes ont été préférées à des plaines riantes, independamment de ce qu'elles donnent lieu aux phénomènes les plus curieux de la végétation ; elles sont immortalisées par l'histoire de la religion et de la liberté, et

----

1 Proposition adressée au Préfet et au Conseil général de la Lozère, en 1829, pour l'établissement d'une école rurale de pauvres.

2 Hartle. Essai.

c'est encore aujourd'hui aux monts solitaires que le poète et le peintre, le philosophe et le naturaliste, vont puiser des inspirations, faire des études, observer des mœurs sans modèle, et chercher des vestiges des crises physiques du monde. En résumé, l'amour du pays rend tout pittoresque et ravissant, le Sibérien en partant de ses sables glacés, dont le nom seul cause l'épouvante, emporte un peu de la terre natale, s'il tombe malade où s'il éprouve cette impatience dévorante de revoir sa patrie, qui conduit au tombeau en lui résistant, il avale cette insignifiante poussière et lui prête la merveilleuse vertu d'adoucir ses maux et ses chagrins. Ces sensations touchantes n'appartiennent qu'à des êtres dont les affections se rapprochent de la nature. Le pauvre Lozèrien émigre, mais il aime aussi à revenir où fut son berceau, parce que l'imagination se ressent perpétuellement de l'aspect des contrées où elle a été vivement et long-temps frappée. Pour nourrir cette teinte de mélancolie dont nous sommes empreints, il faut pouvoir parcourir ces montagnes agrestes et nébuleuses, couvertes de rochers, ombragées de pins funèbres, symbole de l'immortalité. Cette indéfinissable sympathie tempère les passions et les douleurs amères de l'ame; mais, fût-on insensible à ces impressions, on tient à son pays par les liaisons de l'enfance, par sa famille, la vénération des ancêtres; et, lorsque ces sentimens se confondent, on comprend ce qu'il doit en coûter de vieillir loin du toît paternel.

Pour être plus intelligible, mes observations seront divisées par chapitres, sans cependant m'asservir à imiter strictement un ordre convenu. Le second volume contiendra des notions sur les engrais, le bétail, le système des fermages, l'état des communications et la fabrication des étoffes. Mais, lorsqu'on a passé sa jeunesse et sa vie au milieu des laboureurs, il n'y a

pas de fausse modestie à réclamer de l'indulgence pour
son style. Sans autre prétention que celle d'un patriotisme désintéressé, j'engage mes compatriotes, en
excusant mes fautes, à rectifier ce que mon travail
contient d'erronné. Cette investigation pourra donner
une plus juste idée de la restauration de l'agriculture
de nos montagnes, et c'est là tout ce que j'attends de
la publication de cet Essai.

# CHAPITRE I.

De l'utilité des Bois. — Des causes de leur destruction. — Des moyens
de les conserver et de les repeupler.

Le feu est toujours, mais surtout pendant six mois
de l'année, un besoin impérieux pour les Montagnards
lozériens. Les usines, la chaussure du peuple, les
outils aratoires où il entre peu de fer, les constructions
où la charpente domine, rendent le bois d'autant plus
utile que les objets de remplacement sont impossibles
ou trop dispendieux. Nous n'avons point de houille à
proximité. La tourbe pourrait peut-être se trouver,
mais on ne la fouille point, on ne sait rien sur ses
qualités; et l'existence du pays serait compromise, si
la pénurie du combustible s'y faisait sentir, et qu'il
fallût s'approvisionner de bois hors de la province;
l'argent qui en sortirait, la perte du temps, la difficulté des communications seraient des charges insup-
portables même aux plus aisés. Cependant il est des
localités où le bois vert vaut déjà quinze sous le quin-
tal. Ce prix exhorbitant révèle d'assez tristes présages,
pour que la conservation des forêts entre dans nos
plus graves préoccupations.

Il est d'ailleurs d'autres motifs, que ceux de l'usage
immédiat des bois, qui en exigent le maintien; car il
est physiquement prouvé que les arbres brisent les
vents, en diminuent l'impétuosité et la froidure,
qu'ils attirent les nuées, en rompent le cours, qu'en
se chargeant d'électricité ils préservent les vallées de
la fréquence des orages et par l'infiltration imper-

ceptible qu'ils occasionent, ils rendent durables les sources qui fertilisent les plaines. La poussière charriée par les airs, qui se pose sur les bois, la décomposition de leurs débris, l'humidité qu'ils pompent, accumulent le terreau sur les montagnes, propagent le gazon, empêchent les ravines, et, par une lente dispensation, ils restituent avec usure tous les gaz dont ils se saturent. Enfin, ils sont tantôt des remparts contre le froid, tantôt des colonnes réverbérantes de calorique, surtout ceux à feuille filiforme. C'est ce qu'un savant écrivain [1] exprime par cet axiôme : « les forêts sont en rapport actif avec tous « les mouvemens de l'atmosphère, elles favorisent le « cours de la végétation et de toutes les moissons, « elles modèrent tous les excès de la température. »

Si ces assertions étaient reçues avec méfiance, on n'aurait qu'à observer le Vellai et les Causses, contrées les plus déboisées de notre voisinage. Le sud de la Haute-Loire vers l'Allier est un des terrains les plus parfaits de la France ; mais il est si déplanté que la dépense en bois est sans proportion avec les autres frais d'exploitation. Les journées employées au transport du combustible, la fatigue des attelages, l'engrais laissé sur les routes sont autant d'additions ruineuses au déboursé principal. Le déboisement nuit à la pondération régulière des saisons. Des orages et des bises redoutables tourmentent les cultures. Les fontaines s'affaiblissent, les prairies sont moins arrosées, et ces versans naturellement féconds, n'enrichissent pas plus le cultivateur que des terres inférieures qui, mieux ombragées, n'auraient ni ces défalcations, ni ces contre-temps à supporter.

On ne peut errer sur les causes répulsives des pro-

---

[1] Le baron Rougier de la Bergerie. Cours d'agriculture.

duits ruraux soumis à ces influences, quand on trouve des preuves instantanées comme celles d'un territoire [1] où l'abbatis des bois qui le ceinturaient a subitement fait dessécher les herbages, rendu une partie des prairies sans fourrage, augmenté l'effet des gelées sur les céréales ; et tous les accidens des terrains anudés se sont si fort aggravés que la location de ceux-ci est descendue à la moitié du taux usité avant la coupe des bois.

Si on se transporte sur les Causses du Gévaudan, on reconnaît que le déboisement redouble l'amaigrissement des moissons que les chaleurs et le hâle flétrissent sans relâche. Les pentes de ces plateaux calcaires ne sont garnies que de stérile ellébore ; les pluies glissent et délavent jusqu'aux rochers, dont les fragmens attérisent les vallons. La culture se rétrécit de jour en jour. Les hommes et les troupeaux sont souvent sans eau potable ; et avec un climat et un sol destinés à la prospérité, le manque de plantation bouleverse les espérances des laboureurs, et peut finir par rendre ces Causses l'emblême de la désolation.

Sur nos montagnes froides, encore plus pendantes et moins trempées d'humus, de pareilles atteintes seraient mortelles. Y précipiter la destruction des bois, c'est se déclarer le dévastateur du pays.

D'ailleurs aux considérations qui viennent d'être déduites, on doit ajouter qu'en s'ingéniant d'avantage, on pourrait multiplier les bienfaits des forêts.

Si on néglige l'extraction des métaux dont le département abonde, cela n'appartient qu'à la rareté du bois, et il y aurait une grande convenance à combiner les opérations métallurgiques, avec l'exploitation des forêts.

[1] Le domaine de Lafayette, commune de Pradelles.

Les planches et les pièces de bâtimens, susceptibles d'exportation, seront très-recherchées, dès que les débouchés méridionaux deviendront plus praticables. Les arrivages aux ports de l'Allier et de la Loire, en se bonifiant, vivifieront encore ce négoce qui, pour être inépuisable et lucratif, exige beaucoup de prévoyance dans l'entretien des futaies

En entaillant le pied des arbres verts, ces incisions fournissent de la résine, et avec quelque préparation, du galipot et de la térébenthine. Lorsque le tronc est épuisé, en le calcinant dans des fours, on en recueille du charbon et du noir de fumée.

Les extrémités des branches résineuses et des genêts, macérées dans l'eau, ou simplement déposées dans les cours, et sur les litières, sont un bon engrais.

L'écorce du sapin et des prêles s'utilise pour la tanerie des peaux fines.

Jusqu'au quatorzième siècle, des torches impregnées de résine étaient l'unique éclairage des français. Une petite quantité de TÈSE répand une lumière dont dix lampes n'approcheraient pas. C'est à tort que nous interrompons cette habitude. En mettant le lampadaire sous le mantean des hautes cheminées, ou le surmontant d'un capuchon à tuyau, qui jetterait la fumée à l'extérieur, on n'en serait point incommodé.

La chenille du pin file une soie blanche, nerveuse et lustrée, rivalisant avec celle du ver-à-soie des mûriers. Les naturalistes n'ont fait qu'effleurer l'observation de cet animal curieux; mais il y a des présomptions pour recommander son éducation aux agronomes lozériens, parce qu'elle peut devenir pour eux, une nouvelle branche d'industrie agricole.

La mousse la plus tenue qui recouvre les arbres résineux, tiendrait lieu de bourre et même de crin, pour les ouvrages matelassés et piqués.

En passant au moulin le fruit du hêtre, et en con-cassant l'amende sous la meule cylindrique, on ex-prime une huile comestible. Le résidu nourrit la volaille, les quadrupèdes, ou s'emploie à l'engrais des champs. Un agriculteur de la Lozère[1], a une mé-thode de fabrication qui laisse peu à désirer ; cepen-dant il est seul à profiter de ce produit indigène, et il reste sans imitateur.

Par les mêmes procédés on extrait de l'huile de la noisette. La farine de ce fruit est estimée pour les apprêts cosmétiques.

L'huile médicamenteuse de genevrier se manipule-rait à bas prix : cet arbrisseau recouvre nos rochers. Les baies donneraient des conserves, de l'alcool, et des boissons analogues au GIN des Irlandais.

Sans faire entrer, à l'exemple des peuples du nord, le bout des branches et les chatons du bouleau dans la panification, on pourrait en donner des rations au bétail, faire du bois un charbon inodore, et de la sève une liqueur, après la fermentation.

Les pousses fraiches des arbres à feuillage toujours vert, sont également la base d'une bière saine et d'une saveur agréable.

Le chêne à gland doux, qui s'acclimate mieux que le châtaignier, soutient la concurrence avec lui pour la qualité du fruit.

Le gland du chêne commun, après avoir été atten-dri dans l'eau, est mangé par toute espèce de bétail.

Les feuilles de chêne, de hêtre et d'autres plants rustiques, fraiches ou infusées dans de la salure, fournissent un supplément au fourrage; répandues dans les chemins et les étables, elles ajoutent à la masse des fumiers.

---

1 M. de Lescure, à St-Denis.

Lorsque la latitude circonscrit le nombre des végétaux, il faut s'appliquer à vérifier si ceux dont le pays
foisonne n'ont pas des propriétés capables de dédom-
mager des productions que le ciel nous refuse. Cette
étude conduirait à plusieurs résultats intéressans ; mais
sans s'écarter des faits sanctionnés par la pratique d'autres contrées, on verra que les arbres et arbustes forestiers de nos montagnes, ont diverses propriétés
qu'on ne leur suppose point, parce que nous n'avons
jamais approfondi les différens services qu'ils peuvent
rendre. Le pin qui croît avec profusion et célérité,
semble être pour les Lozériens ce qu'est le bouleau
chez les Finlandais, une ressource à plusieurs nécessités de la vie.

En économie champêtre rien n'est à dédaigner, même
de minimes bénéfices. Je n'ai indiqué que sommairement ce qu'il est possible d'entreprendre au sujet des
bois ; c'est en interrogeant avec méthode les voies de
la nature que l'on sortira de l'incurie où nous sommes
plongés. Plus tard je donnerai des recettes pour composer, avec les productions de nos montagnes, des
boissons qui, introduites dans le régime diététique des
cultivateurs, doivent opérer d'heureux effets sur leur
santé.

Indépendamment de ce que les forêts sont à notre
fortune agricole, un juste orgueil appelle notre sollicitude sur leur propagation ; car la puissance du feu
distingue l'homme dans l'échelle de l'animalité, et
toutes les nations ont mis au rang des devoirs publics
le maintien des bois. Leur ruine à toujours été envi-
sagée avec effroi ; c'était une des terribles images dont
Dieu se servait pour intimider son peuple : « Leurs
« enfans ont imprimé dans leur souvenir leurs grands
« bois, leurs arbres chargés de feuilles sur les hautes
« montagnes. c'est pourquoi j'abandonnerai, ô Sion,

« tout ce qui vous rendait forte, vos trésors et vos
« hauts lieux [1]. » Le traité de paix de Bethsabée, le
premier connu, fût solemnisé par un illustre patriarche
en plantant un bois. La théogonie payenne mettait les
forêts sous la sauvegarde de saintes consécrations. Il
y avait peu d'arbres qui ne se rattachassent à des trans-
mutations divines, ou ne fussent emblématiques à
quelques Dieux : Le pin était dédié à Cybèle et à Syl-
vain, le hêtre à Jupiter avec le chêne, dont la forêt
de Dodone et celles des Druides étaient remplies.
Les Romains n'avaient point dérogé à cette antique vénération ; mais au quatrième siècle, les Huns, les
Sarmates, les Daces et tous les barbares qui inondè-
rent l'empire, y apportèrent le mépris de la culture et
l'incendie des forêts. Nés sous d'épais bocages à l'aide
desquels elles s'étaient rendues indomptables, ces
hordes du nord en brûlant les bois, croyaient assurer
pour toujours le malheur des vaincus.

Les nations et les souverains en revenant à la civilisation ont assigné une large part, dans leurs lois et leurs
actes, au soutien des forêts. En ne remontant pas au-
delà des temps modernes, on cite Henri IV qui avait
préparé plusieurs améliorations. Son petit-fils a laissé
un monument célèbre, qui contient une réformation
toute entière. Les Anglais honorent la mémoire de
lord Evelyn qui au 17.me siècle, par son zèle et ses
écrits, a fait planter des millions d'arbres ; et depuis,
des bills ont accordé des encouragemens et des appuis à toutes les entreprises de ce genre. Pierre-le-
Grand accourait chez ceux qui élevaient des chênes,
dont il voulait hâter le transplantement sur les bords
de la Baltique, il les comblaient d'éloges, de récom-
penses, et les édits de ce monarque à ce sujet, ont

---

[1] Jéremie. Chap. VII.

encore de la célébrité dans l'empire. Dans l'Amérique septentrionale , les chênes ont leur législation. Enfin, nous venons d'avoir un code forestier en concordance avec les connaissances contemporaines.

Anciennement les forêts étaient la grande production territoriale du Gévaudan ; mais alors avec peu de consommateurs leur profit devenait presque nul ; on n'aurait point à se plaindre des défrichemens qui ont servi à peupler et à cultiver nos déserts , si l'on avait respecté les arbres des hauteurs , des rampes rapides , et mieux aménagé les bois qu'on n'abattait pas.

Aujourd'hui sur 509,543 hectares , superficie du département , 50,000 seraient plantés [1]. Cette contenance n'est pas constatée d'une manière précise ; mais faudrait-il la tenir pour exacte , que cette répartition ne peut paraître excessive , en raison de la température et de l'escarpement du pays. Tant que le cadastre sera inachevé , il est impossible de savoir le contingent boisé , afférant à la montagne qui cependant est l'arrondissement le mieux complanté de la Lozère ; mais aussi cest-là où les besoins sont plus étendus , plus indispensables , et où les ténemens boisés ont le plus souffert. En moins de cinquante ans , des forêts de six mille arpens ont disparu sans aucun espoir de renaissance [2] ; pourtant on les enregistre encore dans les recensemens actuels , bien qu'en réalité il faille les effacer de tous les tableaux , comme elles le sont du territoire.

Les belles futaies de hêtres et de sapins des cîmes primordiales ne pouvaient résister , assaillies qu'elles étaient par l'exploitation vicieuse des propriétaires ,

[1] Rapport de M. Ignon à la Société d'agriculture. Mende , 1823.

[2] Telle que la forêt Dufeau-des-Armes , de 7,000 arpens à la maison de Morangiés , et celle de Mercoire presque détruite , et dont le périmètre , depuis quarante ans , a diminué des deux tiers.

celle des usagers et le parcours illimité des troupeaux. On a constamment coupé en jardinant , à trois ou quatre pieds de terre , ainsi qu'on l'ordonnait jadis dans de honteuses exhérédations , et sans égard à l'âge , à la distance , au repeuplement , ou à la tenue future en haute tige ou en taillis. Ces espèces de têtards difformes , écuissés , sont tombés en caducité sans reproduction. Après eux, on a dépecé le sousbois ; mais , au lieu de râcler à fond , les souches sont restées saillantes , éclatées , exposées à la pourriture , et n'ont pu faire que de minimes rejets. On est arrivé à ces derniers en cernant les jeunes touffes à coup de cognée , afin de prendre les meilleurs brins ordinairement au centre. Les pousses circonvoisines se froissent et se hâchent en pure perte , et cette tonte intempestive est réitérée sans ordre de rotation , à la fantaisie des exploitans qui ensuite fendent et dépècent les troncs les plus vivaces jusqu'aux racines , quoiqu'on pût en retirer le rajeunissement des forêts.

Les moutons en pacageant dans ces bois n'épargnent ni cépées, ni nouveaux plants , qui sont tondus , broutés en forme de palissade. La voracité est un des types des troupeaux ambulans ; et cette seule cause de destruction acheminerait au déboisement des sommets granitiques , lors même que des aménagemens funestes ne le rendraient point irrévocable.

Les sapins , entremêlés aux hêtres , auraient pu se jardiner impunément ; mais l'essence n'a pas survécu, les troupeaux l'ont fait disparaître ; car une fois la houppe supérieure offensée , les semis ne comptent plus pour futaies, et les quartiers résineux ne sont pas dans une autre situation que ceux d'essence contraire.

Les forêts de la chaîne montueuse de la Lozère composaient des lots appartenant à des particuliers, à des communes, à des ordres religieux, et maintenant à la couronne qui est aux droits de ces derniers. Avant 1789, les immunités provinciales bannissaient les agens forestiers royaux des bois communaux, dont la régie et la police étaient dévolues aux officiers municipaux. Des juges-gruyers seigneuriaux connaissaient des délits sur les propriétés privées ; mais personne n'était astreint à des exploitations régulières, ni à les faire exécuter. L'ordonnance de 1669 était sans vigueur. Les syndics affermaient les dépaissances des bois avec celles des herbages, sans aucune restriction.

Les possesseurs de forêts à titre personnel, les laissaient également dilapider. Elles se trouvaient presque toutes grevées d'usages, et la jurisprudence du parlement de Toulouse ne déterminait point avec précision qu'il fût défendu aux affouagistes d'arracher, de faire du charbon, d'abattre à volonté et de mener les troupeaux de toute espèce et en toute conjecture dans les bois. Elle était aussi muette sur les clauses qui pouvaient contraindre au cantonnement et à la fixation de sa quotité ; ou au moins cette barrière aux excès des tiers ne paraît pas avoir été invoquée pour aucune de nos forêts.

Au demeurant, s'il y avait des bois francs d'usages et de parcours, les propriétaires y envoyaient du bétail pour leur propre compte, ils coupaient sans mesure, et légalisaient en quelque sorte tous les désordres par leur mauvaise gestion. De la part des tuteurs des communes et des pères de famille, ces déprédations directes ou tolérées seraient inexcusables, puisqu'elles assimilent les auteurs à des usufruitiers avides ou irresponsables ; mais elles s'expliquent par les antécédens du pays. Il a été une époque où les grandes surfaces plantées étaient inaccessibles, entourées de solitudes. Les produits ne se transportaient ni ne s'échangeaient, et en usageant les forêts à la

consommation et aux dépaissances , on leur donnait
un rapport simultané, le seul qui pût peupler ces
déserts ; avantage sans réplique et qui justifie les
anciennes concessions ; subjuguées par le passé , les
générations postérieures en ont suivi l'élan , sans rai-
sonner et sentir que des amendemens dérivaient du
progrès des âges ; quoiqu'il en soit, nous ne devons
pas rigoureusement blàmer nos ancêtres ; car, depuis
quarante années , où un renouvellement total dans les
faits et les idées aurait dû nous éclairer , des milliers
d'hectares ont été anihilés. La Lozère, en passant sous
la quinzième conservation des eaux et forêts, a vu les
quartiers de la nation et des communes sans défense.
Il y en a eu d'aliénés à vil prix ; on a classé dans le
rang des pâturages les vides de plusieurs futaies , et
les acquéreurs se sont installés au cœur des bois ;
enfin, des impôts arbitraires ont été imposés pour une
surveillance imaginaire , et on n'a pas même fait sortir de l'indivision les communes asservies à des forêts
dont les propriétaires ont actuellement la possibilité
de rejeter la demande et d'agir , par les stations de
moutons , en opposition aux intérêts des affouagistes.
Cependant l'ordonnance de Louis XIV n'a jamais été
abrogée ; la loi de 1791 en confirmait l'autorité. Une
décision du Conseil-d'État de 1807 dit textuellement :
« qu'il est inutile de faire de nouveaux arrêtés , mais
« simplement de rappeler les dispositions générales
« qui ont toute leur force, ainsi que les ordonnances
« particulières à la matière ; » dès-lors, si de nos
jours les futaies se sont abrouties , tous ceux ayant
mission pour l'empêcher ne peuvent être disculpés.

Les bois patrimoniaux accidentellement sequestrés
par l'état, n'ont pas mieux été traités. Restitués à des
familles appauvries, dispersées, ou dont les titres sont
égarés , les usurpateurs et les usagistes s'en disputent

les débris ; ailleurs on n'a pas le courage de se vouer aux lenteurs du rétablissement des forêts. On active leur conversion en pacage , en les couvrant de moutons ; et finalement les futaies des croupes montueuses de la Lozère et de la Margeride s'abaissent au-dessous de toute restauration. Encore quelques années , il ne restera que des vestiges de bois allant à grand pas s'anéantir sous la main des hommes et la dent des animaux.

Sur les plateaux habités il y a moins de hêtres que sur les sommets, presque pas de sapins , peu de chênes et beaucoup de pins. La division des héritages en parcelles nombreuses, a conduit au partage corrélatif des bois. Cette disposition en a sauvé plusieurs du gaspillage qui a déterrioré les ténemens des monts primitifs. Néanmoins , l'exploitation de ces bouquets est sans plan et sans caractère stable. On enlève les arbres indistinctement. Les moutons y ont leur entrée libre , quoiqu'il ne soient guère assujétis à des servitudes obligatoires ; cependant, on n'arrache point , on ne charbonne jamais , et nos massifs de hêtre valent mieux qu'aux pics des montagnes.

Les arbres verts qui sont en majorité dans les bois secondaires , se coupent hors de ligne, et il n'y aurait rien à reprendre à cette coutume , si on visait à réserver des sujets de toutes les dimensions ; mais pour les foyers , les fours , la clôture des fonds , on use beaucoup de jeunes pieds en pleine croissance, et on sacrifie sans regret les plus modernes appellés PINATELS. On ébranche jusqu'à l'extrême pointe , on extirpe les genets et genevriers protecteurs des semis , et on écrase les pourrettes en traversant les fourrés. Les indigens, les voleurs de profession, en ne touchant point aux grosses pièces , fagotent dans les bois , et font un commerce patent et tacitement permis de ces coupes désordonnées et illégales.

Les moutons, les chèvres, les bœufs, les vaches broutent dans ces futaies. Si les arbres résineux ne crèvent pas lorsque la flèche pyramidale est mâchée, ils languissent, se bistournent et n'acquièrent plus le port et le diamètre qu'ils pourraient avoir sur un sol où les bois de mâture seraient communs en s'y prenant convenablement pour les laisser former.

Les défrichemens inusités dans les sections élevées où ils sont improductifs, rétrécissent l'espace plantée des districts dont le climat ne met pas obstacle à la culture des céréales. Mais on ne laboure qu'après l'incinération des pelouzes, ce qui finit par infertiliser le terrain et soustraire toute compensation.

Sans s'alarmer immodérément sur la dégénération des forêts du territoire granitique, il importe de réfléchir sur les suites d'un système antipathique à leur conservation. L'avertissement puisé dans la surélévation des prix, ne ferait peut-être pas adopter de meilleurs erremens. Ce que nous avons éprouvé et ce qu'apprend l'histoire du déboisement dans d'autres pays, démontre que l'on ne se corrige jamais au premier signal de son intérêt, quand on est forcé de plier sous le joug d'une routine invétérée, moins peut-être par ignorance des vraies doctrines que par les tristes circonstances qui président à notre éducation et à notre existence; mais, engagés dans ce défilé, nous détournons la vue du mal, sans songer à nous mettre à couvert du contre-coup qui frapperait, jusque dans ses fondemens, l'agriculture et l'industrie de nos montagnes, si elles étaient dépouillées de leurs forêts.

L'administration ne devrait point se faire illusion, il est instant qu'elle se montre plus prévoyante en travaillant à restaurer les bois de l'état et des communes qui sont confiés à ses soins. L'autorité départementale la seconderait, et leur mutuelle coopération assurerait la conservation de la plus belle partie du domaine public ; mais cette tentative importante, doit être mûrie avec prudence pour ne point en exposer l'avenir, il faut qu'elle ne devienne jamais un instrument d'opposition au développement de la cultivation et des fabriques, ce qui serait inévitable si on rêvait la remise en forêt des surfaces ombragées il y a plusieurs siècles. Maintenant nous recherchons les produits bientôt disponibles, touchant de près à la subsistance. Les terres à grains ont été agrandies par la coupe des bois. L'engrais des parcs à moutons assure la fécondité des champs. La progression des troupeaux profite aux manufactures ; par conséquent, recréer des forêts partout où elles ont vécu, ce serait déranger ce qui ne doit pas l'être et pousser à la subversion de ce que nous devons continuer à posséder. D'ailleurs, l'impôt sur les bois est assez décourageant pour se refuser à demander au-delà de ce que les communes peuvent supporter. Mais celles à repeupler ont généralement des revenus en herbages, et ne sauraient regarder comme une vexation, les diminutions de produit ayant pour but de doter les générations futures d'une ressource sans laquelle leur passage ici-bas serait misérable et dénué de soulagement. Les riverains des dépaissances en jouissent en partie clandestinement ; mais, si les prix de leur location sont rigoureusement couchés aux budgets des communes, on verra ce qu'il est possible de retrancher sur ces rentrées pour replanter des fractions de ces parcours. On peut croire qu'il n'y aura point de froissement, si cette opération est bien dirigée. On pourrait la faire coïncider avec l'entrée des moutons des cantons inférieurs, sur les monts primordiaux : transplantation qui, en améliorant notre agriculture, conservera les bois de ces arrondissemens, sur lesquels un moindre séjour des troupeaux sauvera les semis et les rejets.

C'est en s'instruisant par des renseignemens justes et circonstanciés qu'on divisera les héritages communs selon les bienséances de chaque localité qui commandent diverses dérogations ; car l'uniformité administrative n'est pas praticable ; et c'est ici le cas de ne point calquer ces aperçus, d'après les indications superficielles qui viennent en réponse aux circulaires de l'autorité. Au reste, c'est moins la grande superficie des bois que leur bon gouvernement qui les rend productifs et durables. Quand on empêchera les vols, les défrichemens, les parcours, que les coupes seront réglées, recolées et martelées, vingt mille hectares équivaudront à soixante mille, livrés aux abus qui se sont apesantis sur toutes nos forêts.

Le Code forestier, principalement les titres III et VI. arrêtent les usages incompatibles avec l'aménagement salutaire des bois. Cette loi en expliquant, mitigeant. ou renforçant l'Ordonnance de 1669 et les décrets postérieurs, ôte tout prétexte à l'impunité des délits, et ne laisse plus d'excuse à la nonchalence des propriétaires et des agens publics, qui doivent s'opposer à la dilapidation des forêts.

En procédant à la réforme d'une pratique inopportune et destructive, il faut exercer une police inéxorable pour consolider les innovations qui s'évanouiraient sans procurer aucun bien, si l'on n'établissait pas des gardes assez retribués pour qu'ils soient empressés à s'acquitter de leurs fonctions. Tous nos bois sont livrés aux premiers occupans, et, tant qu'il en sera ainsi, la meilleure volonté d'y ramener l'ordre deviendra impuissante.

La consommation superflue du combustible doit fixer notre attention. Une épargne bien entendue dans tous les services, est le premier soin qui doit précéder la restauration des bois.

Quand l'on abat des futaies, il faut s'abstenir d'employer la hache ; avec la scie dite passe-partout, on gagnerait huit ou dix pouces et en déracinant l'arbre pour l'écarrir jusqu'au bout, le bénéfice pourrait être de vingt à trente pouces cubes.

Pour que les pièces de construction et de sciage se tourmentent moins et ne se piquent pas de vers, elles veulent être coupées à la fin de l'automne. Il paraît que la sève, qui joue le principal rôle dans la durée des bois, étant élaborée avec plus d'unité dans cette saison que pendant l'effervescence végétale, les rend incorruptibles. Les Lozériens consultent dans leur abattis les phases de la lune, si cette observance est un préjugé, il repose sur une vérité obscurcie, et il n'est pas contraire à la raison de chercher à en découvrir l'origine et de se guider sur l'expérience dans tout ce qui promet une plus longue durée pour les bois de service.

La dépense en bois de chauffage a une extention qu'il serait sage de rédimer par l'adoption de poêles qui augmenteraient la chaleur des habitations, tout en faisant faire une économie dans cette partie de l'administration domestique, d'autant plus mal disposée qu'on refend ridiculement les bûches en alumettes, même pour les grandes cheminées, où il n'y a qu'une flamme éphémère sans brasier. On pourrait citer plusieurs foyers ou de simples fermiers usent jusqu'à un char de bois, de la valeur de six francs, toutes les vingt-quatre heures !...

La supériorité des poêles sur les feux ordinaires, est irrécusable ; on ne saurait mettre trop de persévérance à les introduire dans nos montagnes, avec les calorifères pour les vastes établissemens. La fabrication de ces fourneaux deviendrait une ressource industrielle, parce que nous avons des terres à poterie superfines et du sulfure de plomb pour les vernis.

Le cours du charbon se rapproche de celui du bois, dont il suit le renchérissement ; cette substance se fabriquerait, à moindre frais, dans des caisses sans courant d'air où la calcination donne une bénéfice de 20 à 25 pour cent. Mais à défaut, on pourrait entourer les charbonniers d'une cloison en planches, l'entrée fermant par un rideau. L'acide pyroligneux qui se dégage pendant la combustion se condense sur ces planches, les garantit du feu et peut s'y recueillir. On extrait aussi du goudron et du gaz hydrogène ; mais sans compter sur ces produits, on profite de 8 pour cent sur la réduction de la matière première. [1]

Ces détails n'ont rien de déplacé. Menacé d'un déboisement, chacun doit tâcher de s'en garantir en raison de sa position, et au moins ne faut-il pas que dans tous les ménages on coure hardiment vers ce malheur en exagérant la consommation.

En s'occupant du salut de nos forêts, je pense qu'il n'y aurait point à s'attacher au repeuplement des futaies de hêtres ou de chênes, si ce n'est par exception, mais à tenir en taillis les bois de ces deux essences, parce que les arbres résineux donneraient des hautes tiges d'une plus prompte venue et d'une utilité plus étendue. Les taillis sont impratiqués, quoique ce mode convienne à nos montagnes où il est excellent à naturaliser. En rotation de douze à vingt-cinq ans on établit des coupes pour tous les cas. Les réserves de balivaux font du bois en gros brin, se succédant sans lacune à leur distance respective de coupe. Ces taillis sous futaie sont préférables aux exploitations entièrement séculaires. Ils seraient surtout avantageux pour les sommets du département où, en rasant près de terre, ou même mieux à cinq pouces en dessous, les

1 Mémoire de MM. Foucauld et Mollerat.

souches encore vivantes, on ranimerait beaucoup de bois abâtardis. A la deuxième coupe, on choisirait dans les brindilles les mieux plantées soixante ou quatre-vingts baliveaux par hectare. Des semis aux places vides repeupleraient les clairières ; et en ne touchant à ces bois qu'au moment fixé, on finirait par avoir un revenu certain, périodique et indestructible.

Les quartiers résineux qui couvrent les pentes cultivables du pays se perpétueraient en s'améliorant, si on n'y coupait point à blanc, si on râclait par gradation, afin de maintenir un nombre suffisant de sujets de tous les âges, source d'un remplacement perpétuel, et que ces soustractions fussent assez modérées pour soutenir le resserrement des massifs, qui aide les arbres verts à atteindre la hauteur qu'ils prennent difficilement s'ils sont trop espacés. Ces abattis n'ont pas de mesure positive : en coupant les arbres faits, malvenant, qui gênent le sous-bois ou obstruent les plancons de réserve, on arrive au degré le plus propice pour aérer les futaies ; mais il faut consulter l'état du sol et de la végétation, ce qui interdit l'immobilité des régles. Un écrivain recommandable (1) croit que, « pour de grandes superficies et des terrains médio-« cres, un hectare doit contenir de cent vingt à deux « cents arbres près de leur maturité. » Il est vrai que pendant les soixante ou quatre-vingts ans qu'on emploie à réduire les forêts à ce terme, on a trouvé dans les coupes isolées un revenu annuel, de sorte que le rapport des bois de cette essence est indéfini, plutôt réalisable que celui des arbres à feuilles annuelles ; et ne périclitant jamais. En résumé, pour que la méthode du jardinage soit dans toute sa perfection, le gazon ne doit point se former ; il intercepterait la lu-

1 Dralet. Traité des forêts résineuses.

mière, et les graines ne pourraient lever. C'est par l'é-
paississement des arbres qu'on évite celui des plantes ;
c'est donc à un espace moyen que les futaies résineuses doivent être soumises ; mais telle n'est pas la
situation de celles du département ; car si nous avons
un déficit dans les pièces de desciage, il provient encore moins de la réduction des bois que du peu d'al-
ternative entre la maturité et l'enfance des arbres, ce
qui est attributif aux vices de notre exploitation.

Dans le département de la Haute-Loire, le pin s'ex-
ploite en taillis. Lorsque les arbres ont quatre ou cinq
pieds d'élévation, on retranche la tige montante à environ deux pieds de terre, on conserve les branches
latérales sur lesquelles la sève reflue avec force, et à
la troisième année on reprend deux ou trois des jets
les plus drus, en continuant ainsi de six en six ans.
Auprès du Puy, le revenu de ces taillis est calculé va-
loir celui des bonnes terres à froment. Deux cents
toises carrées donnent un cent de fagots de vingt-
cinq francs, mais si ce dernier résultat n'est pas à espérer autre part, il est toujours avantageux pour la
Lozère de se familiariser avec cette pratique qui, dans
les mauvais fonds, leur produirait un supplément de
rapport au dessus de toute production, et on peut
même laisser filer quelques baliveaux, au milieu de
ces buissons, pour en accroître l'utilité. La variété
du pin du Vélay est identique à la nôtre, elle s'est
propagée dans les cantons qui, par le terrain et la température, correspondent à la Lozère : par conséquent
il n'y a point d'objection contre l'établissement de ces
taillis sur les versans granitiques.

Néanmoins, gouverna-t-on la tenue et les coupes
de bois suivant les plus habiles indications ; si les
troupeaux divaguent dans l'enceinte des forêts qui
ne soient point declarées en défense, tout succès est

illusoire ; il faudrait se refuser à l'évidence pour imaginer qu'un parcours permanent ne dût pas abroutir
toutes les futaies et les taillis de la province.

Comme le recépage des hêtres ou des chênes , et
l'éloignement du bétail ne dispenseront pas toujours
des sémis pour regarnir les bois trop dépeuplés , ou
en édifier de nouveaux , il est bon de rappeler ici ce
qu'exigent ces opérations , et ce qu'elles ont de simple
et de facile pour nos montagnes.

Soit dans le clair de nos vieux bois , soit pour en
agrandir le nombre , le terrain doit être préparé par
des labours assez répétés pour ameublir le sol. S'il
est gazonné , cette préparation demandera à être com-
mencée à l'entrée de l'hiver , afin que les gelées aident
à emier les pelouses ; car l'écabuage , quoique expéditif,
ne semble pas promettre autant de fertilité qu'une décomposition qui ménage mieux les principes végétatifs.

La clôture d'un semis est une des premières conditions de réussite dont il faille s'assurer. Au moins de-
vra-t-on , si l'on est retenu par des motifs d'économie,
se résoudre à ne se départir d'aucune des précautions qui peuvent suppléer à l'établissement d'une
défense inabordable.

Pour semer des graines d'arbres à enveloppe dure
et écailleuse , est-il bon de les faire stratifier, jusqu'au
moment de la semence , dans du sable frais , et de
choisir le mois de mars ou d'avril pour l'enterrer? Quelquefois on répand avec ces graines un peu d'avoine qui
en plantant légèrement la surface , couvre le plant et
empêche qu'il ne dessèche ; mais cette culture ne
saurait jamais être qu'en demi-proportion d'un semis
en plein ; et , quand on moissonne , le chaume doit
rester assez haut pour que la faucille n'approche pas
de la pourrette.

En semant des bois , on prend souvent une peine

mal entendue en recouvrant la graine trop profon-
dément. Une façon à la herse est ce qui convient le
mieux. La nature indique que ce n'est point en entrant très-avant dans la terre que les semences de
grands végétaux lèvent le mieux ; car les forêts ne se
ressèment habituellement que par des graines tom-
bant sur la première couche du sol, cachées par quelques feuilles, et fortifiées par leur détritus.

La quantité de graines est subordonnée à l'espèce
d'arbre que l'on veut multiplier, au terrain et même
à l'exposition. Le hêtre doit se semer plus épais que
l'orme ou le frêne ; ainsi que toutes les graines analogues en grosseur, les glands plus volumineux, se
resserrent encore davantage. La terre aride ou fécon-
de, les façons qu'elle a reçues, son aspect, sont autant de faits à consulter pour juger de la force des
semis ; mais on est toujours à temps de les éclaircir,
et il n'y a pas d'inconvénient à ce que, dans l'origine,
ils soient un peu garnis ; ensuite ils s'espacent, si
c'est pour un taillis, à environ quatre pieds d'un arbre
à l'autre, et à vingt ou vingt-quatre pour une futaie.

Il serait utile de sarcler et de biner les jeunes bois
pendant les premières années ; mais on n'ose conseiller
ces soins pour des forêts étendues. Lorsque les plants
d'un taillis sont à leur dixième feuille, on fait une
tonte raze et sans restriction ; à l'effet de fortifier les
souches et d'en retirer de meilleurs rejets sur lesquels
on trie les baliveaux à la coupe précédente.

On ne dit rien ici des bois créés par des plantations.
Cette manière de dévancer les jouissances, n'est point
admissible pour la généralité du pays où l'on repous-
serait l'augmentation de détails et de frais qui constituent ce mode de formation des forêts.

Après les hautes sommités de la Lozère, où le
hêtre et le boulcau sont presque les seuls arbres à

feuilles annuelles qui puissent s'acclimater, il est peu de possessions autour desquelles on ne trouve à élever des taillis de différentes essences. Pour le chauffage, cet aménagement ne saurait trop se pratiquer sur les fonds de rebut ; sur les rocs même nous pouvons avoir des arbres verts concurremment avec des sorbiers et des bouleaux ; ces derniers ne feront jamais un profit égal à celui des bois résineux ; cependant ils se cultivent aisément et leur usage serait plus répandu, si nous portions plus d'industrie dans leur exploitation.

Quoiqu'il en soit, le pin obtient la préférence, et, sous plusieurs rapports, elle doit être maintenue. Son affinité avec nos montagnes est tellement marquée qu'on en voit au bord des abîmes et des ravins dont les racines ont fendu des blocs de granit pour pénétrer au dessous, et quand les rochers sont impartageables, les radicules s'étendent en réseaux, les enveloppent et vont chercher des interstices par où elles arrivent à la terre végétale. Vivant encore plus par l'air ambiant que par les sucs qu'ils puisent dans le sol ; ces arbres sont donc destinés à la plantation de nos déserts, et ils sont d'autant plus faits pour être cultivés, que, toute compensation établie, ils ont un produit *quintuple* de celui des autres futaies ; car c'est sur cette base estimative que le gouvernement asseoit ses évaluations ; et dans les partages de famille, les quartiers boisés s'apprécient comme de bonnes prairies. Ce sont ces bénéfices incontestables qu'il faut redire jusqu'à satiété pour faire conserver comme pour faire semer des bois, parce que c'est par l'ascendant de nos intérêts matériels que se résolvent en définitive la plupart de nos déterminations.

Dans les cantons de la Lozère, où les futaies et cônifères sont abondantes, on pourrait s'épargner des semis ; parce que sans labour, sans semence et par conséquent sans frais, un champ en repos, avant la sixième année, est rempli de pins à ne pas laisser apercevoir le terrain. La multitude de graines portée par un seul pied est incalculable, la membrane ailée qui accompagne chaque germe, le fait flotter à une grande distance et nos vents prolongés charrie aux crêtes les plus inaccessibles la semence de nos bois. On croit que le pollen qui obscurcit l'air, quand il est agité, est le principe de ces semis; mais noter cette erreur, c'est la réfuter; et bien qu'elle soit sans danger, puisque l'art n'est pour rien dans cette création naturelle des bois, il est mieux de s'accoutumer à connaître les véritables fonctions de la nature, pour ne point ignorer que la graine des arbres verts réside dans les cônes; que pour la récolter, il faut descendre ces derniers les premiers jours du printemps, avant qu'ils n'éclatent, et en détacher la semence, en les mettant sécher à la chaleur modérée d'un four ou au soleil.

Pour être sans incertitude sur les espèces de semis spontanés, qui reproduisent nos futaies lozériennes et surtout pour dévancer l'époque de leur apparition, il deviendrait plus expédient de s'occuper à semer des massifs.

En quelque lieu que l'on convertisse une terre en bois résineux, il suffit de gratter à la herse sur un labour antérieur et de recouvrir en recroisant avec l'instrument armé d'épines. Quatre-vingts livres de graines, dont un cinquième de genêt et de genévrier, meublent très-bien un hectare. Mais, de ce que les plants d'essence de ce genre redoutent le soleil, à l'addition d'arbustes prescrite tout-à-l'heure, on pourrait ajouter une claire moisson d'avoine, pour que la pourrette soit moins hâlée.

Il y a presque toujours une détérioration qui menace les pentes que l'on défriche. Alors celles qu'on veut labourer et préparer pour élever des bois , au lieu d'être sillonnées d'un bout à l'autre, devraient se façonner en raies transversales , laissant des bandes en friche de deux ou trois pieds , chaque vingt ou trente toises , selon le dégré du versant. Cette disposition tendrait à arrêter les éboulemens ; mais pour qu'il n'y eût pas d'interruption dans la plantation , on retournerait et on sémerait les lanières restées intactes , lorsque le bois des premières plates-bandes aurait poussé , si même ce travail n'était pas superflu ; car les parties primitivement semées , seraient , en général , assez près pour qu'en grandissant les arbres soient à une juste distance.

Les bois résineux ne se binent point les vingt premières années. On retranche les arbres doubles , dépointés , tardifs , ou ceux qui peuvent se gêner mutuellement. L'essentiel est que le resserrement des arbres contribue à les faire filer vite et très-haut, sans que cette proximité devienne trop grande , parce que sur nos terres légères les masses compactes sont minées par les pluies qui détrempent le sol , et renversées par les ouragans et les rafales qui désolent ces montagnes.

On n'élague que rarement les arbres verts , tout au plus un ou deux nœuds inférieurs , encore les entailles ne doivent point être adhérentes au tronc , parce que l'effusion de la résine est plus vive, et que la végétation s'en ressent , puisque une expension excessive de la sève en ralentit la marche.

Avec les semis naturels et ceux que l'on peut établir, il est possible de fonder des bois côniferes par des plantations, en ramassant du plan sain et non brouté dans les forêts en défense et en le rebrochant dès qu'il est réuni. Dans ce cas, on ne prend que les plançons de trois ou quatre ans au plus, et enlevés dans les parties de forêts les moins couvertes, pour qu'accoutumés à la lumière, ils supportent sans périr leur transplantement sur des surfaces nues et plus chaudes. Si on pouvait retirer la motte avec le plant, il y aurait moins d'incertitude sur la reprise; cependant presque tous les bois de pin de la Haute-Loire, se plantent et prospèrent très-bien; ces travaux se donnent à entreprise à fort bon marché, avec garantie; ce qui fait supposer que cette opération est prompte et sûre, et qu'en l'adoptant nous pourrions activer le boisement de nos montagnes.

Nos bois résineux ne sont composés que de pins ou de sapins d'une seule variété (*Pinus sylvestris et abies alba*); néanmoins des essais faits depuis sept ou huit ans ont prouvé que le pin de Riga, le mélèze, l'épicéa, les cèdres et plusieurs autres conifères, venaient parfaitement de plant ou de semence. Il est impossible de décider si, en s'acclimatant, ces variétés fourniront des sujets aussi beaux et aussi bons que ceux de nos futaies indigènes. Le temps fixera sur cette question; mais il est toujours utile de cultiver les arbres verts exotiques, cela ne serait-il que pour l'agrément et pour rompre la monotonie des forêts.

J'ai vu dans la Lozère une collection de pins et de sapins étrangers, venus sur du terreau léger, sablonneux, mêlé à de la terre de bruyère; ces plants ont été replantés à la deuxième année, et à quatre ans mis à demeure sur des fonds médiocres, pendant au nord, où ils poussent et grossissent. Des mélèzes et des épicéas semés immédiatement sur des coteaux granitiques mauvais et mal situés, paraissent ne le céder en rien aux pins rustiques du voisinage; et tout porte à croire que nous pourrions avoir des espérances bien fondées sur l'introduction du mélèze, le plus dur et le plus long des arbres résineux.

Enfin, ce n'est pas sans s'imposer quelques privations que l'on restaurera nos forêts et qu'on les perpétuera par de nouveaux semis; mais cette gêne et ses frais ne sont point au dessus de nos facultés. Les arbres de toute essence viennent à toutes nos latitudes : ne pas conserver ce que la providence se plait à créer pour soulager nos misères, c'est se rendre coupable envers ses enfans, son pays natal et sa patrie.

# CHAPITRE II.

Des plantations isolées en arbres forestiers. — De la manière de les conduire. — De leurs principaux produits. — Des arbres fruitiers et des pépinières.

Les plantations d'arbres de bordure ne sont point considérés comme devant entrer dans les soins et les prévisions des agriculteurs Lozériens ; cependant il y aurait peu de terrains qui se refusassent à être complantés et qui ne pussent prendre par-là une augmentation de valeur.

Les ormes, les frênes, les hêtres, les chênes, viendraient aux bords des herbages, des tertres et même au tour des champs médiocres ; le sorbier et le bouleau se réserveraient pour les fonds arides, et les arbres résineux vivraient au milieu des rochers. Les peupliers indigènes, ceux d'Italie, s'ils sont loin des eaux stagnantes et des températures trop rigoureuses ; les noirs, dit de Suisse, les beaumiers du Canada boiseraient les terres fraîches, seulement dans les marécages férugineux ; ce n'est que sur les berges des tranchées d'assainissement que l'on pourrait élever de bonnes plantations. Les aunes, les saules, les osiers, les marseaux pousseraient dans les positions plus ou moins humides ou inondées.

Il est à supposer qu'en plantant, chacun connaît assez le climat et les qualités des fonds pour ne pas commettre des contresens diamétralement contraires aux succès de son entreprise. On peut bien, en forme d'essai, tenter d'acclimater des plans incultivés, mais ce n'est qu'avec des espèces déjà naturalisés qu'il est sage de garnir ses possessions. Il est superflu de donner une nomenclature des arbres convenant aux différens territoires granitiques, puisque les cultivateurs saisissent sans étude ces sortes de nuances.

On n'est point aussi bien fixé sur les détails du complantement, et c'est sur cela qu'il est utile d'entrer dans quelques explications sommaires.

D'abord les lisières des paccages se plantent plus serrées que celles des prés, et celles-ci, plus que les rives des terres à blé. Au levant et au sud, on gardera un espacement plus grand qu'en vue de l'ouest ou du nord, parce que l'excès de l'ombrage est désavantageux aux récoltes d'un pays où l'air est très-condensé, et où la végétation n'est réchauffée que par les rayons solaires; mais si ces considérations doivent faire proscrire les quinconces et les groupes touffus, elles ne s'opposent pas à la plantation de l'extrémité des héritages et du voisinage des courans.

C'est entre trente et cinquante pieds environ que l'on trouve l'éloignement proportionnel pour les arbres de lisières; ces toisés se règlent d'après les expositions et le choix habituel des cultures, ainsi que sur celui des essences, selon ce qu'elles projettent d'ombre, et la facilité de raccourcir les rameaux par des coupes périodiques.

Les trous se creusent de bonne heure, six mois ne

sont pas un trop long terme pour que la terre soit rendue fertile par les météores ; les fosses ne sont jamais assez spacieuses, si le sol est mauvais. Quatre pieds en profondeur, largeur et hauteur, feraient des ouvertures au dessous desquelles il ne faut point planter : dans un terrein pierreux on doit excaver davantage. Quand il y a obstacle à l'également du travail, on reprend sur les côtés, ou le fond du creux, autant d'espace qu'il a fallu en abandonner d'inattaquables; mais de quelque façon qu'on opère, il est nécessaire de se persuader que de la préparation du trou dépend le progrès de la plantation ; car si les racines sont comprimées, emboîtées dans une fosse rétrécie, que, suivant l'expression vivaraise, elles TUSTE (heurtent) trop tôt contre des couches rocailleuses, elles s'arrêtent, l'arbre meurt ou vit chétivement ; au lieu qu'en minant les parties souterraines desquelles le plant tire sa subsistance, ses racines se renforcent en attrapant les veines dursifiées, elles s'y insinuent et s'y enfoncent, tandis qu'elles n'auraient pu y arriver pendant l'espèce de maladie ou de souffrance que les végétaux éprouvent par la transplantation. C'est pour en prévenir encore plus sûrement les effets qu'il est à propos de remplacer le terrain improductif des tranchées, par la terre malléable, au moins pour ce qui touche aux pieds des arbres.

Le prix moyen des creux est de quinze à vingt centimes la pièce ; cependant si, sur quelques localités, un plus grand évasement comporte plus de dépense, il faut passer sur ce sacrifice ; parce que sans des trous larges et profonds, il n'y a pas de plantation profitable.

Avec des creux bien faits, on a la ressource de ménager le pivot des arbres. Cet usage est controversé, mais pour les plants qui ne sont point massés, il est précieux de donner un dégré de consistance de plus à la tige que l'isolément expose à être ébranlée par les vents.

Au moment où l'on plante, on retranche les racines mâchées, on raffraîchit la pointe des autres et on a soin de ne rien soustraire au chevelu. L'arbre s'étête, on coupe les branches surabondantes qui consommeraient la sève. On oriente les plants dans le même sens qu'ils étaient placés en pépinière, et on n'enterre qu'à dix ou douze pouces au-delà du premier enfoncement. C'est la terre la plus émiétée du haut des tas qu'on met immédiatement sur les racines, en évitant de se servir des boules non dissoutes, ou des carrés de gazon qu'il faut diviser et éparpiller dans le remblais supérieur. On étend avec la main les radicules flexibles, on secoue l'arbre par intervalles, et on le soulève légèrement en jettant de pellées de terre, afin qu'il n'y ait point de vides qui ne se bouchent.

Je viens de dire que le sommet des arbres s'abat; cependant, cette coutume ne m'a paru réussir qu'aux ormeaux, aux saules, à quelques peupliers; mais on peut pratiquer à cet égard les précédens des pépiniéristes, et se former un système sur son expérience personnelle. Quant aux côniféres, ils ne supportent pas d'être émondés, et on ne doit pas non plus oublier qu'en les plantant en motte, ils ont plus de probabilité de reprise.

Il est presque impossible que les arbres de bordure se passent de tuteurs. Ces appuis s'introduisent avant que le trou ne soit comblé, pour ne point gâter les racines sur lesquelles ils pourraient porter. Des liens en osier assujettissent l'arbre à son piquet; mais on pousse entre deux, au point où croise la ligature, un coussinet en mousse, en paille ou en jonc, pour qu'il n'y ait pas de compression ou de déchirure; avec d'autres liens on entoure le tout d'épines hautes et rapprochées. Cet attirail a ses inconvéniens, mais dans nos montagnes, les propriétés décloses, le parcours et la violence des ouragans exigent ces supports ; on s'en dispenserait avec des plants droits et très-forts ; cependant il faudrait toujours des chemises en paille tressée, ou des buissons dans toute la longueur du tronc à cause des approches du bétail.

Les arbres verts en ligne n'ont pas des proportions qui nécessitent des tuteurs ; pour les défendre des troupeaux, on établit une enceinte épineuse qui protége leur cime de toute offense

Pour les arbres aquatiques : à défaut de sujets enracinés, des boutures de trois ou quatre ans les remplaceraient sans qu'il en survienne un retard prononcé dans l'accroissement des plantations. Une broche en bois ferrée, d'un diamètre au dessus de celui de la branche à planter, prépare les places ; on enterre bas pour que les plançons soient fermes; mais les tuteurs et les buissons ne sont pas à supprimer auprès des rivières, il faudrait même des pieux avancés pour partager le courant, empêcher que les arbres ne soient renversés, ou frappés par les glaces.

L'époque des plantations n'est point indiquable, elle est sujette aux règles dictées par le climat, le site et le plan ; mais il est rare que dans les monts lozériens le printemps ne soit la saison véritable de ces travaux, parce que les pluies d'automne et les gelées qui les suivent, ne valent rien pour les arbres récemment plantés et sans cohésion avec le sol.

Dès qu'il pousse des bourgeons ailleurs qu'aux bouquets réservés, on les enlève exactement, ainsi que la mousse qui croît sur le corps de l'arbre. Les lichens des bois résineux servent de manteau contre les frimats que la porosité du bois laisse en proie à l'intensité de la température, mais les ormes, les frênes,

etc. , etc. , profitent à être débarrassés de cette végétation parasite. On râcle avec un instrument non tranchant, ou on frotte avec une étoffe grossière par une
journée pluvieuse.

A l'entrée de l'automne et du printemps, durant les
douze ou quinze premières années on bine les plantations, en négligeant ou en interrompant ces labours ,
c'est suspendre l'essort de la végétation. Lorsque notre
terrain se gazonne, il n'y a aucun gaz fertilisant qui
agisse en dessous. Dès que la motte est battue et fauchée par les troupeaux , elle est tassée et si imper-
méable , qu'on l'extrait en plaques de plusieurs pieds
pour des toîtures et de faîtières de bâtimens. Par conséquent, les arbres enveloppés à leur base sous cette
couche rendurcie, ne grossissent , ni ne montent plus.
J'ai observé dans un herbage excellent des frênes à
leur trente-troisième feuille, moins beaux que des plants
de dix ans entretenus par des labourages ; et il n'est
personne qui, en acquérant une pareille certitude , ne
puisse juger les résultats du travail ou de l'inculture
sur les plantations.

Ces façons se perfectionnent , si on évide le pourtour des arbres en entonoire , parce que sur les terres
légères et fondantes les averses précipitent les engrais,
les sédimens limoneux et les eaux qui , retenues dans
ses réservoirs, se mélangent avec les feuilles , s'éla-
borent , se décomposent et font la prospérité des plantations. Dans les hivers secs, cette même forme con-
centrique repercute la chaleur, anime et presse la
végétation. Là où il y aurait de la pente , des rigoles
conduiraient les eaux pluviales aux pieds des arbres.
Si ces tranchées contrariaient les moissons , elles pourraient se recouvrir ; et dans le cas où cet arrosement
fît crouler les bassins , ils se raffermiraient par un mur
demi-circulaire sans mortier , ou par un parement en

gazon. C'est ainsi que dans le canton de Villefort on conserve de magnifiques châtaigniers, auxquels il faudrait renoncer sans ces précautions.

Pour un binage simple, sans soutènement, un pionnier travaille trente ou trente-six arbres en un jour. Quelque rustique que soit le plant, ces frais sont inaperçus dans une exploitation rurale, et ils sont obligés, si l'on veut jouir des plantations que l'on essaye. Les peupliers et leurs analogues viennent sans être défoncés ; cependant s'ils poussent mal, quelques labours ne sont pas inutiles.

Les arbres verts isolés gagnent à être binés pendant leur jeune âge, au moins tous les printemps.

Dans les territoires inféconds, il est prouvé que les pourrettes croissent plus vite que les plançons plus vieux, qui restent en arrière et perdent toute avance. Je pourrais citer des massifs repiqués à deux ans, qui, quatre ans après, avaient dépassé des arbres de même qualité plantés à côté d'eux, à leur septième feuille et depuis six années ; mais pour établir des lignes en petits arbres, il est indispensable de faire des fossés continus de trois pieds de profondeur sur six de large, de piocher toute la superficie à chaque saison, et de défendre les troupeaux par des murs ou des palissades. Malheureusement cette dernière exigence est très-incommode pour la majorité des cultivateurs.

Afin de mener les plantations vers un bénéfice certain par une industrie complète, il faut s'appliquer à tenir le tronc des arbres exhaussé ; disposition qui en double la valeur capitale. Il n'y a point à ce sujet de dimension précise, mais cette hauteur se résout d'après les convenances locales. La raison des tempêtes qui nous fait préférer les tiges surbaissées, n'est point explicite. Nous avons aujourd'hui des troncs de quinze à vingt pieds qui ne fléchissent ni ne cassent.

parce que l'on n'a ôté les jets latéraux que pour favoriser l'élévation de l'arbre , sans empiéter sur la grosseur par une crue trop vive. Les plantations basses
ombrent les moissons limitrophes ; elles dessinent des
rideaux de verdure qui provoquent les gelées printanières; il est donc avantageux d'adopter des tiges allon-
gées , et d'affaiblir encore le volume des têtes par des
tentes à rotation , arrangées sur l'ordre des labours :
ce qui répondrait, pour beaucoup de champs , à une
coupe triennale ; et, pour les terres qui se reposent
moins, on éclaircirait les bordures en alternant de deux
en deux, ou de trois en trois arbres, d'après les besoins
du sol environnant. Les arbres d'essence forestiers supportent d'être recépés. Le hêtre et le bouleau sont de
mauvais têtards; mais on élague leur colonne sans dom-
mage. Les bucherons chargés de ces abattis ne doivent
ni écorcher, ni peler aucune des branches restantes ,
mais les épointer en flûte nettement et sans hachures;
enfin, tendre à faire figurer à l'arbre une flèche ou un
cône renversé, au lieu des potences tortues , irrégu-
lières et pleines de bâtons noueux , image de tous les
arbres que nous émondons.

Les saules et les plants de rivière se recèpent tous
les trois ans. Les peupliers d'Italie, et ceux dont on
veut faire de hautes futaies, ne poussent bien qu'avec
un élagage répété de quatre en quatre ans au plus tard.

Les plantations en bois que nous appelons DUR et
les autres espèces, seraient un supplément aux forêts
et à leurs nombreuses et importantes fonctions. Les
seuls peupliers fourniraient en trente ans des planches
que les chênes ou les conifères ne donneraient qu'a-
près un siècle. Les tontes régulières présenteraient un
revenu précoce et en partie annuel par l'effeuillage à
la main. Pures ou attendries dans l'eau salée, les
feuilles sont un des meilleurs alimens du bétail ; les

bêtes voraces en mangeant des ramées évitent les em-
pensemens, et les animaux jeunes et délicats se fortifient par des rations de feuilles. Il y a des distinctions
en raison de leurs propriétés respectives, du tempéra-
ment et des races de bétail : on s'y arrêtera plus loin ;
mais cette nourriture amère et stomachique est un
préservatif contre beaucoup de maladies, particulièrement pour les affections bilieuses et pléthoriques. Les
moutons, si précieux dans notre agriculture, les
bœufs, les vaches, les porcs, profitent sous ce régime essentiellement économique pour les fourrages,
et les litières reçoivent ce que les troupeaux ne con-
somment pas.

L'appréciation en capital et en produit des plantations n'est point constamment la même ; elle change
avec les clauses qui lui servent de régulateur ; néanmoins, en convenant de l'âge de trente ans d'un sol
moyen en fertilité et des essences forestières les plus
propres à la tonte comme à la nourriture du bétail,
on peut estimer le produit de chaque arbre en feuilles
et fagots à quarante centimes par an, et le pied à
huit francs tous frais précomptés, mais avec l'espérance d'une plus-value future. En un mot, quelque
prix que l'on assigne à cette amélioration, elle s'élève
au dessus de ce qu'elle entraîne de perte par l'emploi
du terrain et par l'ombrage qu'elle occasione. Les évaluations cadastrales ne comprennent pas les arbres
isolés, leur rapport est encore un profit qui allége les
impôts, puisque sur un domaine de trois cents arpens, payant à-peu-près quatre cents francs de con-
tributions, on trouve à planter six cents arbres, valant
deux cent quarante francs de rente, sans parler du revenu des vergers et du menu bois aux rives des eaux.

Nous commençons à revenir de l'opinion que l'acclimatement des arbres fruitiers était inexécutable. On

n'avait pas pensé que, s'il y avait des fruits sur quelques points, il pouvait en venir dans des sites correspondans. A Mende même, où le climat est meilleur que dans les contrées granitiques, la culture des pleins-vents n'est pas ancienne.[1] D'ailleurs par des semis on étend de zone en zone les plantes exotiques qui en apparence étaient incompatibles au pays. Le cercle d'exclusion trop largement tracé se restreindra tous les jours ; les pommiers et les poiriers iront des jardins dans les prairies et les terres ; le risque des dégats n'affectera plus les planteurs, car c'est en multipliant les arbres et avec quelques mesures conservatrices qu'on dissipera ces sortes d'inconvéniens. Voilà vingt-cinq ans où l'on a pu apprendre que nous pouvions récolter de très-bons fruits. Plusieurs ecclésiastiques ont donné sur ce point agricole un excellent exemple.[2] J'ai vu des noyers et des abricotiers en rapport dans des vallons où ils étaient sans traditions.[3] Le prunier et le cerisier sauvages sont indigènes à nos plus froides latitudes, et la greffe qui en bonifierait le produit, n'altérerait point leurs facultés agrestes.

Le mérite de la culture des arbres fruitiers consisterait à ajouter une ressource salutaire autant qu'agréable à nos denrées alimentaires, sans préjudicier à aucune moisson. En faisant dessécher ou confire les fruits, on prolonge leur durée. Ils peuvent entrer dans des boissons vinaires ou liquoreuses et devenir une branche de spéculation qu'il faut nous efforcer de conquérir.

L'acidité des pommes et des poires à cidre les rend peu susceptibles de tenter les passans. La cerise-

---

[1] Cette innovation est due à un évêque du 17.ᵉ siècle, M. de Piencourt, d'origine normande.

[2] Entre autres M. Brunel, curé d'Auroux, canton de Langogne.

[3] Plantés au Paraïre, par M. l'abbé de Soulages.

mérise est à peine mangeable. C'est avec ce fruit que l'on compose le kirsch-wasser, dont la vente enrichit les montagnes de la Forêt-Noire et de la Franche-Comté, où les cerises sont aussi tardives que dans la Lozère.

C'est en important des plants de Mende, de Marjévols, de Clermont et d'Annonay, où les pépinières sont mieux fournies, que l'on avancera le complantement des potagers et des vergers lozériens.

.Les soins concernant ces plantations sont conformes à ceux déjà décrits pour les arbres forestiers. On dira seulement qu'en plantant les arbres en plein vent, ils se coupent à la naissance ou un peu au dessus de la première bifurcation, c'est-à-dire à six ou sept pieds ; les gobelets descendent à trois pieds, les espaliers à six pouces et les quenouilles se rabaissent à deux pieds. L'espacement des hautes tiges est de vingt à vingt-cinq pieds. Les espaliers, pour être bien dressés, doivent se planter à dix-huit ou vingt, et les fruitiers en massif de quinze pieds environ. Maintenant les carrés de potager ne sont plus entourés d'éventails, on a reconnu qu'il était préférable de planter des groupes de buissonniers en quenouilles.

Le gouvernement des arbres fruitiers est si bien expliqué dans les ouvrages d'horticulture, qu'il faut renvoyer à leur lecture ceux qui n'auront aucune pratique ; mais c'est à voir faire, et en essayant de faire que l'on devient habile en cette partie.

Les arbres forestiers recueillis dans les bois ou dans les groupes d'épines, sont rabougris, mal enracinés, sans vigueur, très-vieux, et il serait impossible d'en fonder la plus petite plantation. Aussi, sans des pépinières, il n'y a point à se flatter de pouvoir boiser le pays.

L'assiette d'une pépinière est le premier objet qu'il

faille déterminer. En Angleterre et chez des jardiniers-marchands de France, on affirme que plus le sol est plantureux, plus les arbres croissent et soutiennent l'activité de leur végétation, lorsqu'ils sont transplantés. J'ai vu languir des plants élevés dans des terres parfaites, et quoique mis autour de champs et de prés de bonne qualité ; tandis que des arbres sortant d'un terrain médiocre y ont mieux perpétué leur développement. Je conçois que ni l'une ni l'autre de ces doctrines ne soit déclarée absolue, mais dix-huit ans d'observation me font ranger, au moins provisoirement, dans les rangs de ceux qui conseillent, pour condition fondamentale, une terre inférieure à la généralité du territoire à complanter.

Quand l'emplacement est marqué, on le clôture ; car sans cela les arbres seraient perdus. Des labours ou même une façon à la bêche ne disposeraient point assez bien le sol d'une pépinière qui ne sera convenablement traité que par un minage en fossés, de dix-huit pouces à trois pieds de profondeur. Mais en retournant la terre, il faut l'action entière d'un hiver pour que l'on puisse planter aux mois de mars ou d'avril ; alors les défrichemens s'ouvrent en automne. Si on ne recherche pas un fonds très-productif, un lit de granit pourrait quelquefois entraver le défoncement ; mais on rompt aussi bas que le roc reste friable. Pulvérisés et amalgamés au terrain, ces filons ne compromettent pas les plantations. Pour des rochers consistant, il est clair qu'il faut les laisser sur place, les revêtir de terre, ne planter au dessus que du plant traçant, mais préalablement il est mieux de sonder le plafond.

Quand vient l'instant de planter, la surface se nivelle et se divise en carrés égaux de deux à trois pieds de face qu'on marque au cordeau ; à chaque angle on met une pourrette au plantoir, en ayant l'attention d'aligner et d'avoir un outil assez fort pour qu'une seule insertion creuse un trou capable de contenir toutes les racines sans les gêner et sans que le plant soit trop hors de terre.

On ne laisse qu'une saillie de trois doigts à l'orme pyramidal et à celui à larges feuilles. Les plants d'autres essences conservent la totalité de leurs tiges, excepté les peupliers que l'on rapproche à la manière des ormeaux; mais au lieu de pourrettes on les multiplie de boutures, en jets de l'année, que l'on enfonce à un pied.

A mesure que les arbres poussent, on s'applique à leur donner un tronc droit et fort; on abat successivement les maîtresses branches qui prêteraient aux fausses enfourchures ; on pince les plus minces, on raccourcit à quelques pouces de la tige principale les crues secondaires, on détruit les surjeons de la base, et on n'affranchit de tous rameaux la principale colonne que très-lentement, en débutant toujours par le pied, afin que le diamètre ne cesse jamais de se lier avec l'élévation du tronc, qui, ébranché sans mesure, grandit promptement, mais s'effile, penche à la moindre brise et tombe dans les défauts que les pépiniéristes attribuent aux arbres manquant de grosseur qu'ils appellent *forcés*. Il est des sujets rebelles aux meilleurs soins, qui se dévient et sont sans aplomb. Des tuteurs peuvent les redresser, mais si cette ressource est trompeuse, on coupe la tige et on y substitue une branche voisine sur laquelle on cherche à faire affluer la sève.

J'ai suivi l'arbre dans son éducation principale ; mais il est essentiel de ne pas omettre que, dès qu'il est mis en terre, c'est-à-dire, après quinze ou vingt jours, il faut le biner légèrement, y revenir dans le courant de l'été ; si l'herbe ne se montre pas en abondance, en supprimant ce dernier labour, on en donnera un deuxième dès l'automne, et ainsi, d'année en année, jusqu'à ce que les arbres soient retirés de la pépinière.

En cultivant des pépinières d'arbres indigènes ; il serait bon de faire des essais sur les plants exotiques. C'est là que l'on pourrait prendre les aperçus préliminaires sur la possibilité de leur transplantation dans nos montagnes, et en précipiter l'exécution, parce que l'on se fournirait, avec aisance, des espèces nouvelles, et que l'on sortirait de l'ignorance-pratique où nous sommes sur les profits de ces innovations.

La greffe en écusson augmente les qualités, la beauté et la grosseur des fruits du sorbier des oiseaux, de l'alisier, des feuilles de l'orme ; elle procure encore des contrastes dans les frênes et chez d'autres variétés de plants forestiers. Pour jouir des effets de ces découvertes, et même pour arriver à en faire à son tour, il faut nécessairement s'y prendre de bonne heure, et avoir à sa portée les moyens d'observer, d'essayer et de perfectionner toutes les expériences.

Ce n'est également qu'avec des pépinières que les arbres fruitiers se répandront dans le pays, parce qu'ils seront moins chers et que l'on sera plus assuré de la bonté des espèces, qu'on ne l'est chez les jardiniers étrangers, même en payant au plus haut prix, il est probable que beaucoup de résistances s'effaceront. D'ailleurs, les pépiniéristes, en s'exerçant, sauront quelles sont les qualités appropriables à chaque exposition, sur quel genre de souche doivent reposer leurs greffes, et enfin quelle est la ligne de conduite la plus parfaite pour le gouvernement des arbres fruitiers.

On serait embarrassé de se procurer dans la contrée granitique de jeunes plants rustiques ; il en naît partout où il y a de vieux arbres : mais les troupeaux les dévorent au même instant. Dans les bois et autour des groupes disséminés, s'ils étaient défendus, on trouverait de quoi fournir à l'établissement d'immenses pépinières. En abolissant le parcours, on retirerait de notre sol des pourrettes de toute essence ; mais par des semis on aurait, sans beaucoup de frais, le plant nécessaire. Sur des planches de bonne terre fortement mouillées, les graines fraîchement récoltées et peu recouvertes pointent au bout de peu de jours. On entrefouit et on sarcle souvent, après un an le plant s'éclaircit, se repique sur d'autres plates-bandes, et l'année suivante il est en état d'être mis en pépinière.

Les semences d'automne, à coque dure, se stratifient, comme on l'a indiqué pour la formation des bois, on attend la fin de l'hiver pour les enterrer ; mais les baies charnues et à noyaux peuvent se semer dès leur maturité, en les mettant à l'abri du froid sous une couche épaisse de terre, ou de litières, ou de feuilles.

Les sauvageons, les coignassiers, les aubepins, toutes les tiges à greffer en fruitiers viennent encore de semence. Il est facile de les propager en même temps et par les mêmes procédés que les plants forestiers.

Néanmoins pour s'épargner les longueurs et les détails des semis, on a la ressource des pourrettes importées du Puy-de-Dôme, de l'Ardèche et de la Haute-Loire. La dépense est en quelque sorte compensée par ce qu'on gagne sur les délais qui sont aggravés, quelquefois, par les non-succès des premières opérations, et lorsqu'il y a une urgence aussi formelle que dans nos montagnes, à s'occuper de plantations, tout ce qui abrége l'attente des améliorations est préférable.

La plupart des travaux du pépiniériste ne sont qu'un délassement pour le laboureur, qui ne voudrait point spéculer sur des ventes d'arbres, mais se contenter de fournir à la plantation de son héritage quel-. ques toises d'un terrain commun, ceinturé à peu de frais et entretenu de même, renfermant toutes les espérances de boisement d'un domaine. Quand on peut embellir son manoir et le doter d'une valeur réelle commençant à soi et allant atteindre ses successeurs les plus éloignés, il faut une singulière indifférence pour ajourner cette opération, qui pourtant n'est conçue et mise en œuvre que par quelques propriétaires; mais, si petit que soit le nombre des initiés, il suffit que les faits fassent un faisceau de démonstrations impartiales, pour que cet enseignement ne soit point perdu, même pour la minime propriété, puisque les connaissances demandées sont de toutes les capacités, et qu'il n'est pas question d'avance en gros capitaux.

Sur l'entière division granitique on ne rencontre jusqu'à présent que deux planteurs-pépiniéristes travaillant pour le public, en livrant à la vente de jeunes arbres. Les plantations du premier en date dépérissent de caducité [1], et il ne paraît pas qu'il veuille les rajeunir. La seconde pépinière [2] est d'environ 40,000 sujets, d'espèces, de variétés et d'âges divers, auprès desquels on dispose de nouveaux remplaçans. Ces arbres sont tariffés au moindre cours; si l'acquéreur est du département, le prix descend encore, et s'il est de la commune, ils sont cédés au dessous de ce qu'ils ont coûté. On ne refuse aucune instruction et on distribue des graines, de pourrettes et des boutures sans rétribution.

Ces deux entreprises pouvaient procurer des arbres à tous les cantons riverains. Si on n'y a point recouru pour complanter le pays, ces plantations ont cepen-

---

[1] Pépinière de M. Sapet, à Longogne.

[2] A Fabréges, commune d'Auroux.

dant fait abjurer des préventions, et appris qu'il ne
dépendait que des cultivateurs de boiser leurs possessions.

En cela, comme en ce qui a été dit plus haut et
dans le chapitre précédent sur toute la manutention
des bois, on n'a pris aucune théorie au dehors ; on
n'a eu qu'à relater ce qui s'est fait ou s'achève sur la
ferme désignée tout-à-l'heure et dans quelques exploitations où le boisement est évidemment en progrès.

Pour que les améliorations soient moins rares, il y
aurait des encouragemens à répartir sur les cultivateurs qui peuvent prendre de l'émulation à planter et
à conserver les forêts. L'administration connaît les besoins de la province, l'esprit de ses habitans ; elle se
montrera sans doute éclairée et patriotique. Voltaire,
dont l'autorité en agriculture pourrait être aussi imposante qu'en littérature, puisqu'il a défriché et fécondé
un grand pays, a répété maintes fois « que celui qui
« faisait venir deux brins d'herbe là où il n'en venait
« qu'un, avait bien mérité de sa patrie. » Ce sentiment est le mobile unique, irrésistible, qui entraîne
quelques hommes épars à perdre leur repos et leur
fortune pour l'intérêt des générations. Ils passent
souvent sans souvenirs, et, la postérité héritière de
leur dévoûment, ne sait pas même un nom où elle
puisse poser une palme ; mais le peuple agricole s'im-
pressionne et s'ébranle autrement.

# CHAPITRE III.

Des plantations en Arbres, ou Arbustes forestiers et fruitiers, sous le rapport des boissons vinaires et alcooliques. — De la Bière russe. — De la Piquette de marc de raisin.

Un des produits indirects, mais très-précieux des plantations, ce sont les boissons saines et restaurantes que l'art en retire. Dans les montagnes, elles sont un soulagement aux privations en vin et en cordiaux, qui sobrement ajoutés à la nourriture en laitage, en pain de seigle, trempé d'eau pure lui enlèvent ce qu'elle a de trop débilitant. Les accidens maladifs ont presque tous le même caractère et la même cause : des transpirations infinies, qui sont les brusques transitions du climat, ont des suites désastreuses. Il est vraisemblable que si les toniques et les fortifians entraient dans l'hygiène des cultivateurs, ils vieilliraient d'avantage; ils seraient plus propres aux pénibles efforts que leur exploitation commande; car si les habitudes diététiques n'avaient pas accès sur l'énergie physique, pourquoi les montagnards, en passant dans le midi, tardent-ils si peu à y être recherchés comme des travailleurs vifs, diligens, infatigables, et montrent-ils chez eux l'inactivité qu'on leur reproche à juste titre ?

Douterait-on de ces inductions, qu'il est d'un bon discernement de donner à l'industrie champêtre son essor et tous ses charmes; c'est dans les écrits des voyageurs et des savans français et anglais, que l'on trouve des recettes de vins artificiels. D'après les ouvrages du comte Chaptal, [1] un des meilleurs est celui d'Accum. [2] Mais nous ne pouvons analyser ici que les plus simples formules contenues dans ces traités.

La boisson extraite des branches résineuses, se fabrique ainsi. On fait bouillir, pour chaque tonneau de 240 litres, douze fortes poignées des dernières pousses, ou ce qui est encore mieux des bourgeons de pin ou de sapin, pendant deux ou trois heures, ensuite on ôte la matière, on laisse éclaircir l'eau, on la transvase, on y met six livres de melasse ou douze livres de farine d'orge ou de seigle, et on en fait bouillir de nouveau pendant quelque temps de plus, lorsqu'il y a plus de farine que de la melasse, et l'on écume. Quand la liqueur est claire, on la verse a travers un filtre de toile ou de laine dans un tonneau et on y ajoute assez d'eau tiède pour qu'il soit rempli. La fermentation s'établit et suit les mêmes variations que celles de la bière ordinaire. Cette bière de pin se garde très-long-temps en bouteille ; elle n'a aucun mauvais goût, et ne revient qu'à un liard le litre. [3]

La sève de bouleau se boit seule, ou distillée, dans le nord, où elle est très en usage, on la rassemble en enfonçant dans le tronc de l'arbre, un tuyau finissant en bec à l'extérieur ; on attache un vase à ce conduit et on le laisse jusqu'à ce que la liqueur ne dégoute plus.

Les baies de sorbier donnent une eau-de-vie cordiale, en les faisant fermenter, à leur maturité, avec un peu d'eau. Si l'ébulition tardait plus de trois ou quatre jours à se manifester, on verserait dans la cuve de la farine de seigle, de la levure ou tout autre principe fermen-

1 L'art de faire le Vin. Chimie appliquée à l'Agriculture.

2 Art de faire les Vins de fruits, traduit de l'anglais d'Accum. Paris, 1825.

3 Cours d'Agriculture de Déterville. T. 10, p. 99.

tescible, jusqu'à ce que l'effet de cette addition commence à se faire sentir. On peut aussi recourir à du marc bouillant, du fer rougi, ou des cailloux chauds. Dès que l'effervescence s'arrête, on passe et on exprime le résidu, ensuite on distille.

On s'est occupé une fois, dans la Lozère, de cette préparation. L'inexpérience et les mauvais ustensiles ont dû influer sur son résultat ; cependant la liqueur était buvable, et on est persuadé qu'elle serait très-potable en la confectionnant mieux. Cette boisson deviendrait la vraie rosée des montagnes ; car le sorbier, de même que le pin et le bouleau, est le végétal de nos rochers. Beaucoup de personnes s'imaginent que le fruit de cet arbre est mal-faisant ; mais tous les bipèdes le mangent cuit ou cru, et les grives qui en sont farcies couvrent toutes nos tables. La greffe rendrait les grappes de sorbier plus juteuses et encore plus productives pour la distillation.

Après les boissons tirées des arbres indigènes, nous aurions les cidres et le poiré, si l'on mettait un peu de persistance à alimenter les plants pouvant assurer le bénéfice de cette innovation.

Une assez grande quantité de pommiers à cidre a été plantée sur un plateau de nos montagnes ; on saura bientôt les qualités de leur produit, et on apprendra la manipulation du liquide, en expérimentant les méthodes employées pour s'attacher à la plus simplifiée. En attendant voici ce qu'on peut pratiquer.

On récolte le fruit par un beau temps ; on le laisse en tas pour qu'il ressue et gagne vers une certaine fermentation. Ensuite on l'écrase en pâte, on presse sur-le-champ. Le jus est jeté dans des cuves, il y fermente ; quand le chapeau s'affaisse, on soutire, on met le fluide dans des tonneaux, et on remplit à mesure que la liqueur diminue. On peut boire le cidre sur sa douceur pendant deux ou trois mois.. A cette époque il devient piquant et mousseux.

Pour mettre à profit toutes les parties de cette fabrication, on verse de l'eau sur les pulpes sortant des premières pressées. On comprime de nouveau, et on fait de la piquette pour la boisson usuelle; enfin, on serre encore une troisième fois pour extraire tout ce qui reste dans les mottes.

Le cidre ne se fait vite et bien qu'avec une machine à écraser et à presser. La première consiste en deux cylindres de bois cannelés surmontés d'une trémis ou d'un auge circulaire, mue par deux meules verticales en bois, mises en mouvement par un cheval. La bouillie, broyée par la machine, est portée sur un pressoir à roue ou à vis; meuble compliqué, dont la forme varie et qui est indispensable dans toute exploitation un peu considérable.

J'abrège tout ce qu'il y aurait à expliquer sur la préparation du cidre. Il est peu d'ouvrages d'agriculture où on ne trouve des renseignemens étendus. [1] Nous sommes aux premiers rudimens de l'industrie vinaire. Nous n'avons besoin que de notions élémentaires. Le temps complètera notre instruction.

Chaptal préfère les boissons composées avec des fruits desséchés, il conseille de couper les pommes et les poires en bonne maturité par tranche de quelques lignes. On les met au four dès que le pain est retiré. Après cela on empile ces fruits dans un tonneau tenu dans un endroit sec. Lorsqu'on veut faire de la boisson, on pèse soixante livres de ce produit pour deux cent cinquante litres d'eau; on mélange dans une cuve, on laisse fermenter, on soutire et la

---

[1] Olivier de Serre, édition de 1805. Cours d'Agriculture-pratique de la Bergerie.

liqueur est terminée. Cette boisson s'aromatise avec du genièvre ou tout autre parfum. En ajoutant quelques livres de raisins de caisse, le goût est plus vineux, plus délicat. Le marc sur lequel on répand un peu de lavure et de l'eau tiède, donne une deuxième boisson très-agréable.

Dans un pays peu riche en vin, cette recette semblerait convenir par prédilection à tous les ménages Lozériens. Les prunes et les cerises forment encore la base des boissons précédentes. Le cerisier pourrait être cultivé presque sur les arrêtes les plus élevées de la province; par conséquent, il n'est guère d'habitation où on ne puisse améliorer le régime des cultivateurs. Les cerises et les prunes étendues d'eau, dès qu'elles ont été cueillies, et après une courte fermentation, font une boisson d'été, peu durable, mais rafraîchissante.

Les mérises écrasées sur des claies, en ôtant les noyaux qui donnent un mauvais goût, font par la fermentation de l'eau-de-vie ou kirsch-wasser. Le jus exprimé se distille à la manière des esprits-de-vin. Dans la Haute-Saône, de petites communes vendent jusqu'à 400,000 litres de cette liqueur, qui est le grand revenu de ces cantons froids et infertiles.

Les prunelles, les baies de sureau, les framboises, les fraises, les mûres des buissons, les groseilles et genièvre, productions indigènes à nos montagnes, et qu'il serait aisé d'y propager indistinctement dans toutes les latitudes, conviennent pour des boissons plus ou moins simples, mais désaltérantes et favorables à la santé.

Ces fruits étant mûrs, on en remplit un tonneau au trois-quarts. On laisse prononcer la fermentation; lorsqu'elle finit, on met de l'eau et on tire à mesure des besoins. Quand la boisson s'épuise, on l'allonge jusqu'à ce qu'elle soit sans qualité.

Pour fabriquer de véritables vins factices, et les garantir de l'acescence, il faut quelques connaissances chimiques; cependant on va tâcher de dire rapidement ce qu'on peut faire de mieux avec les baies de nos arbrisseaux.

Par un beau soleil : prenez des fruits mûrs, égrappez ceux qui sont de nature à l'être, mettez-les dans un tonneau défoncé par un côté, ou dans une cuve, foulez parfaitement ; si le jus est trop épais, on l'éclaircit par quelques pintes d'eau ; si, au contraire, le suc est trop fluide, faites-y fondre quelques livres de cassonnade ou de melasse, en remuant suffisamment pour incorporer le tout. On remplit le tonneau à trois ou quatre doigts près ; on le transporte dans un lieu tempéré ; on met une toile sur l'ouverture, et pardessus un couvercle en planche. Après quelques heures la fermentation s'établit, le mélange gonfle, on ôte la couverture par intervalle, et aussitôt que le chapeau baisse, on tire le vin qu'on encave de suite dans des vases débouchés, pour qu'il puisse cracher, et qu'on ait la facilité de remplir avec le même vin. Quand le tonneau est froid, on bouche sans enfoncer, on avine de temps en temps, et ensuite on bouche hermétiquement.

A deux mois de là, on soutire et on met en bouteilles ; si l'on veut conserver en tonneaux deux soutirages permettent de garder ce vin plusieurs années.

Les tiges de genévrier font une bière analogue à celle des arbres résineux ; ses baies odorantes parfument les boissons, mais sans s'arrêter aux extraits spiritueux auxquels on peut recourir, ce fruit compose un vin très-recommandable par ses qualités, et les facilités d'exécution.

On concasse quelques mesures de baies, on les fait infuser et fermenter pendant un mois, avec trois ou quatre poignées d'absinthe par chaque six boisseaux, dans cent pintes d'eau. On tire au clair et on laisse vieillir.

L'épine-vinette n'est pas native des montagnes de la Lozère, mais on a la preuve qu'elle y réussit sans le moindre inconvénient ; son suc acidule remplace le citron, et ferait une limonade exquise pour les grandes chaleurs.

Nous aurions encore une industrie à exercer sur la bière, les eaux-de-vie de grains, de pommes de terre et même de lait ; mais ces entreprises veulent des appareils multipliés et un savoir spécial qui ne sont pas l'apanage des champs ; on gardera donc le silence sur ces différentes préparations, seulement on observera que les bonnes distillations se font à la vapeur de l'eau, et qu'il n'y a de bons alambics que ceux de Desrhones et d'Adam pour préserver de l'empyrum.

La bière russe, ainsi que d'autres liquides préparés sans fruits, ne seraient pas susceptibles d'entrer dans le catalogue des boissons tirées du produit de nos bois; mais l'utilité d'apporter une réforme dans les coutumes trop frugales des laboureurs m'excite à ne pas suivre littéralement ce texte et à donner deux recettes dont l'imitation pourrait grandement profiter aux jouissances et à la santé de la population.

M. Thymécourt manipule la bière russe avec un dixième de seigle ; il fait tremper le grain dans l'eau ; lorsqu'il est ramolli, il le place sur des planches pour hâter la germination, et il humecte de temps à autre avec de l'eau tiède. Ce blé étant germé se mêle avec dix fois son poids de farine de seigle, après l'avoir délayé dans de l'eau chaude à 25 degrés, vingt-quatre heures auparavant. En faisant le mélange on verse encore de l'eau à 22 degrés, on agite avec force pour bien amalgamer le tout, et on laisse un vide dans le tonneau pour pouvoir brasser avec aisance; pendant trois jours on remue une fois toutes les vingt-quatre heures, après cela on laisse reposer. Au bout de cinq à six jours la fermentation est apaisée, si on a eu le soin de mettre le tonneau sous une température de dix-huit à vingt-deux degrés. Quand le dépôt s'est formé on met le vase dans un lieu frais, on transvase la bière dans des cruches où elle se clarifie, et à quelque temps de-là, on la soutire, et on la met en bouteille.

Le marc de raisin, qui est rarement brûlé et dont le bétail seul tire parti dans tous les vignobles du midi, fait une piquette peu colorée, mais fort bonne à boire, même lorsque ce résidu a passé sous plusieurs coups de pressoir.

Ce marc s'encaisse dans un tonneau défoncé, on le bat au maillet pour qu'il soit bien comprimé; la pièce ainsi remplie, on remet le fond, on lute les fentes avec du plâtre ou des cendres pour que toute introduction d'air soit impossible, et on tient ce tonneau dans une cave non humide. Pour faire la boisson, on prend sur cette provision environ cinquante livres pour cent vingt litres d'eau, qu'on dispose dans une futaille, on attend une fermentation de cinq à six jours et la piquette est prête. La proportion se règle sur le goût des consommateurs et la qualité du marc; mais il faut s'arranger pour que, dans quinze jours ou trois semaines, cette boisson se consomme; et en puisant au tonneau renfermant le résidu, il est nécessaire de le reboucher ponctuellement.

Nous sommes à une si petite distance des contrées vignicoles qu'il ne peut y avoir d'empêchemens sérieux à ce que nous nous procurions à bas prix du marc de raisin. Deux cents kilogrammes rendraient près de huit cents litres de boisson, et quand les frais de transport suspendent la circulation et les échanges, on conçoit qu'il doit être dans les convenances du grand nombre, en perdant un peu sur l'agrément, de bénéficier sur la dépense; ici, cette épargne sur l'achat et le port est immense relativement à la quantité du liquide.

Enfin, on observera que si nous préparions des vins ou des bières indigènes, cette industrie agricole tournerait encore au bénéfice des exploitations, car le marc de ces boissons engraisse les animaux des étables, des basse-cours et sert de fumier à toutes les récoltes.

# CHAPITRE IV.

De l'extension des Défrichemens. — De quelques réformes sur cette coutume et sur des pratiques de labourage et de culture.

« Il vaut mieux restreindre qu'amplifier son labourage. » Cette maxime d'Olivier de Serre est bonne à professer dans nos montagnes, où l'on peut dire, sans paradoxe, qu'en augmentant les terres arables, on déprécie en réalité l'agriculture.

D'abord en défrichant à la manière des temps incivilisés, par la calcination, nous produisons une vive fécondité; mais elle n'est que passagère. Sa rapidité semble être en raison de sa force, et il faut de longs, d'immenses intervalles pour laisser reformer le terreau que l'incendie a dévoré. Les terres de l'Amérique, imbibées d'eau et d'humus, traitées par le feu, s'effritent dans un bref délai. La végétation colossale des forêts vierges décline de dégré en degré, au point que le sol a de la peine à donner assez d'herbe pour la nourriture des troupeaux. Certainement nos monts maigres et secs ne soutiennent pas une pareille incinération sans participer à ses inconvéniens ; en effet, il est évident que, dans le pays granitique, les places brûlées dégénèrent promptement, et livrées à elles-mêmes, elles restent une période infinie d'années sans se regazonner, quoique nos terres ayent à cet égard une faculté éminente de spontanéité.

Lorsque nous défrichons des versans, on les stérilise à fond ; car en remuant et mettant à nu la surface, ne substituant aucun renfort aux pelouses, aux arbres, aux buissons qui retenaient la terre, elle descend aux pieds des montagnes, ravage les prairies ou se perd dans nos torrens ; ainsi, avec l'écobuage destructeur d'une végétation progressive, nous avons l'imprudence de décharner le pays jusqu'au vif.

La nature de nos champs prescrit l'appui soutenu des engrais. Or, en défrichant les herbages, le bétail diminue, il n'y a plus autant de fumier ; et les labours augmentant, les récoltes sont en proportion décroissantes des assolemens primitifs. Nous n'intercalons aucune des plantes qui restaurent la terre, profitent aux troupeaux, et dès-lors il n'y a qu'une déception à s'affubler d'une surcharge de travail qui peut engloutir l'existence agricole de toute une famille ; parce que le pivot de sa fortune n'est pas dans des labours incommensurables, mais dans beaucoup d'engrais sur peu de territoire, bien assolé et amendé.

L'inclinaison de la plupart de nos champs, leur sol mobile, déboisé et sans ados, les laissent sans défense contre les dégradations des orages qui annulent presque tous nos coteaux. Heureux encore, si la terre végétale s'entasse sur les premiers replats et peut y être cultivée ! Par conséquent une exploitation qui s'écarte de la concentration des engrais, de la conser-

vation des herbages, et qui, en exagérant l'obligation
du soutènement des pentes, empêche d'en prévenir
les érosions, n'est point raisonnée dans l'intérêt de la
prospérité rurale.

L'entretien de toutes les races de bétail est la belle
combinaison des fermes lozériennes. Ce négoce est
toujours lucratif ; les seules lainages triplent de valeur
entre les mains des cultivateurs qui les manufacturent ;
cette fabrication vit par les troupeaux, les défrichemens qui les anéantissent sont la calamité des campa-
gnes, et, sous ce rapport, ils devraient être à jamais
contenus dans de justes bornes.

Ces vérités n'ont rien de spéculatif, les preuves en
sont matérielles, et se manifestent aux moins clair-
voyans ; cependant, j'examinerai la question de l'abus
des défrichemens, dans la convergence qui doit être
établie entre les plus grandes récoltes en céréales,
supposées appartenir à l'extension du labourage, et les
chances de bénéfice de ceux qui y coopèrent en leur
seule qualité de producteurs.

Un produit exclusif qu'on s'obstine à partialiser, ôte
à l'agriculture sa prérogative d'être inépuisable dans
ses dons qui doivent se suivre, se suppléer et ne faire
jamais faute aux cultivateurs dont les idées ne sont
point étouffées par la routine. Néanmoins, si tant
d'hommes judicieux comprennent mal ce fait, ils auront bientôt la perception de leur méprise, en vérifiant ce que devient une propriété dont les AMBLAVU-
RES ont haussé par des paccages défrichés, même en
mettant les soles de trois à deux annuités ; et s'ils s'en-
quièrent du revenu net, avant ou après le renforce-
ment des labours, ils cesseront d'être éblouis par cette
prétendue amélioration qui a toutes les apparences du
colosse aux pieds d'argile. Mais s'il fallait convaincre
par des calculs ceux qui aiment les détails, et ne se

persuadent qu'en les traduisant en chiffres, on leur offrirait à résoudre le problême de savoir si le prix de la journée de travail et des avances agricoles, balancé avec le cours du blé, sa culture a un légitime salaire, et si ce lucre ouvre une prime pour agrandir les labours? On voit dans trop de circonstances l'embarras, la pénurie et même l'indigence des vendeurs, répondre négativement, que dans l'ensemble du pays il est imprésumable qu'un autre cri puisse retentir. Cette perturbation pourrait se motiver sur ce que la population qui achetait le seigle lozérien, accoutumée à l'aisance industrielle ne veut que du froment. Ce dégoût a passé dans l'armée et les établissemens publics. On dépense aussi plus de viande qu'autrefois; les pommes de terres font le principal apprêt de beaucoup de ménages, et il peut en résulter une réduction dans la panification. Le commerce des farines est devenu une des ressources de subsistances appartenant aux temps modernes, et il doit éclipser celui des céréales de nos montagnes. Les Cévennes et le Vivarais, où s'écoulaient l'excédant de nos produits, ont maintenant des routes qui les mettent en communication avec les magasins, des ports de mer et du Rhône : ces provinces ne gagneront presque rien à s'adresser à nous. D'ailleurs, nos chargemens, en partie à dos de mulets, nous feront succomber devant la célérité et l'économie du roulage et de la navigation; si les chemins se finissaient, les blés du midi remonteraient sur nos marchés. Donc à l'extérieur comme à l'intérieur, nous aurions à combattre contre cette propension du négoce, à pénétrer partout où il espère fonder une concurrence; ici, elle serait indestructible, puisqu'elle a ses racines dans le cœur de la civilisation, et il faut s'en féliciter; car, en matière de grains, elle oppose un obstacle aux famines ou aux ressauts de valeur, véritables fléaux des

peuples. Les importations en blé d'Égypte peu nota-
bles, avant le gouvernement protecteur par lequel cette
contrée reprend son antique fécondité, deviennent
considérables. La chute du chef de l'état la replon-
gerait-elle dans la barbarie, qu'il nous resterait les arrivages de la Pologne et de la Tauride, assurés par des
considérations politiques plus positives, l'étonnante
fertilité de la Crimée, et le prix si réduit des achats
et des transports. Les Turcs conquérans de la mer
Noire en 1476, ne l'ont ouverte à la navigation russe
qu'en 1774. Depuis, les provinces méridionales de
cet Empire ont acquis une culture brillante à laquelle
les derniers traités garantissent un libre débouché; si
déjà les blés de la Russie encombrent les dépôts de
Marseille et de Cette, il peut arriver un moment où,
du Gard et de l'Ardèche, les fromens du nord seront
refoulés dans nos déserts, comme pour donner l'expérience certaine de ce que sont pour nous des récoltes trop superlatives.

Ce déplacement de nos vieilles allures rurales n'a
rien de fatal en lui-même, puisqu'il est prouvé que le
défrichement des bois, des pâturages et tous les labours démesurés abîment le pays, nous empêchent
d'aborder aucun plan d'innovation, et qu'il n'y a pas
compensation suffisante entre nos peines et nos gains.
Mais les propriétaires qui ne prohiberaient point ces
abus, s'ils n'osent aller franchement au bien, pourraient prendre la résolution de ne jamais mettre le feu
aux herbages, et de les rompre à la pioche ou à la
charrue; en donnant aux gazons le temps de se fuser
à l'air, si leur décomposition n'est pas aussi décidée
que par l'écobuage, les principes nutritifs survivent
aux premières moissons, et c'est la pratique que les
cultivateurs sensés et ménagers de l'avenir doivent
préférer.

Pour prévenir les dégradations ultérieures aux cultures des pentes, il faudrait en couper la rapidité par des murs, à l'imitation des Cévennes. Nous avons beaucoup de champs remplis de rochers mouvans ou faciles à casser. En bâtissant avec ces gros quartiers pointés par angle sans ciment, les journaliers les moins adroits dresseraient des contreforts qui, en dechargeant les terres des aspérités embarrassantes pour l'exploitation, contiendraient les éboulemens. Je ne pense pas que ces chevets en blocs de granit, soient toujours au dessus de la valeur des fonds et des moyens des laboureurs. On trouve des ruines de ces constructions sur quelques-unes de nos montagnes : y revenir serait un grand acte de discernement; mais si on était effrayé par la dépense, les mêmes raisons ne subsisteraient plus pour des rampes gazonnées basses, **et** bien talutées, qui résisteraient aux fortes ravines. Les matériaux étant aussi sur place et la main-d'œuvre à meilleur compte que pour les murailles, ces soutènemens réuniraient toutes les convenances, y compris celle de fournir un parcours aux troupeaux.

Il n'y a point d'ouvrages équivalant à ces barrages en pierres ou en gazon; cependant, afin d'en tenir lieu, ou pour autoriser à élargir leurs lignes en les mêlant à des ados moins résistans, on pourrait essayer d'ouvrir des fossés transversalement aux versans, en nombre et en dimension proportionnée à la déclivité du sol. La berge serait, sur le revers inférieur, plaquée de mottes, ou semée en graminées. Si le terrain ne se laissait point creuser, on tâcherait d'établir de simples bandes de gazon à une ou deux couches; sans être en état de soutenir le choc des violentes rafales d'eau, ces travaux tempéreraient le glissement ordinaire des terres, qui ne franchiraient pas la totalité des tranchées, ou des courroies d'herbages, et ces déchirures, par lesquelles les sucs de nos champs sont soutirés, ne sauraient être aussi fréquentes, aussi profondes, ni aussi continues.

Des haies très-étoffées, taillées rasantes, qu'on ferait reborder sur le plafond en battant de la terre à leurs pieds, prêteraient secours contre les invasions sabloneuses, si les suites du parcours n'étaient pas à craindre, ces plantations se composeraient de toutes sortes d'arbrisseaux ; mais les arbres verts, qui là peuvent être épointés, sembleraient convenir par exclusion.

Les haies sèches, tressées et tortillées en fascines entre de forts pieux, ne laisseraient pas passer toutes les descentes de terrain, et ces deux dernières entreprises exécutées seules, ou en arrière d'un fossé, deviendraient une ressource de plus pour les propriétaires soigneux de se soustraire aux détériorations des pentes.

C'est à la culture des défrichemens neufs que ces appendices sont obligatoires ; mais encore à celle des champs de toutes les dates, dont l'exposition penchée fait prévoir le prochain décharnement.

Les coteaux délavés, au bas desquels la terre est amoncelée, redeviendraient cultivables en remontant du terrain aux emplacemens pelés et pierreux. Les charrettes atteindraient le faîte de ces hauteurs ; des chevaux, des ânes, ou des transports à la hotte remblayeraient les parties trop montueuses.

Il n'y a point de difficulté, dans un pays où l'on élève beaucoup de chevaux, à rendre cette spéculation plus productive, en les attelant, mais harnachés de *Bardes* et de paniers à bascule fermant par des chevilles, le charroi des terres se ferait sur les côtes les moins praticables. Un seul conducteur dirige un grand convoi de chevaux ou d'ânesses, et de ce que l'on trouve un motif à nourrir ces animaux pour le simple croît, parvenant à les asservir à un service particulier, leur séjour dans les fermes marquerait par de meilleurs bénéfices.

Des hottes à bretelles, ou des corbeilles ayant la forme de l'oiseau des maçons, montées sur des bâtons fourchus pouvant passer par la tête, et retenir la machine sur le haut des épaules, seraient les équipages avec lesquels les ouvriers laborieux pourraient remonter les terres.

C'est dans le relâche des mortes saisons et des mauvais jours, que les bras et les transports disponibles sont efficaces pour la restauration des collines. Pendant les gelées, le terrain se détache par larges tranches, se manie et se voiture avec aisance ; des coins de fer divisent des blocs où d'autres outils n'entrent pas, et si la neige gêne les travailleurs, on a bientôt déblayé et trouvé de l'espace. On objectera peut-être la rigueur des hivers ; mais ce ne serait qu'un prétexte à la nonchalance, car avec des capotes à capuchon et des gants en laine, il est permis d'affronter des froids très-vifs. J'ai fait terrasser des montagnes sous une température de 12 et 14 degrés ; je partageais l'exercice des pionniers, et j'ai reconnu qu'il ne fallait ni force, ni courage surnaturels pour s'adonner à cette occupation.

Les bêtes de trait et de somme, que nous redoutons de faire sortir, s'échaufferaient sans prendre de refroidissement en leur mettant une couverture.

Dans les provinces où l'on ne veut pas que les labours soient les préludes de dévastation, on pose pour condition des fermages, de remonter chaque année les terres sur le sommet ; on y trouve le temps d'accomplir cette tâche, et il n'y a pas de raison pour que nous consentions constamment à laisser disparaître une portion capitale de notre héritage. Ce sont les champs pendans , où la culture est la moins chanceuse , parce que les vents , les neiges , les gelées et l'humidité n'y portent pas le même préjudice que sur les plateaux , et par suite , c'est leur entretien qui devrait attirer privativement toute notre attention. La commune de St-Bonnet ( canton de Grandrieu ), est la seule à ma connaissance , où ces soins soient réguliers , quelque escarpés que soient les versans , la terre est montée du bas en haut , et il serait inexplicable que , sur le reste du pays , il n'y eût aucune parité entre les causes et le succès de ce travail. Mais si , en dépit de la vraisemblance . on peut soutenir que le climat, la dépopulation , l'infertilité , ou les habitudes manufacturières rendent cet entretien inexécutable , alors l'inopportunité des labours excessifs sera flagrante ; car , s'ils épuisent le sol , s'ils bouleversent le territoire , il n'y a point de condamnation plus équitable , plus solennelle.

Les granits tendres et concassables de quelques-uns des monts Lozériens , se pulvérisent et se triturent par les effets combinés des changemens de l'atmosphère ; Ces croutes terreuses se garnissent de plantes qui les bonifient , si des labours ne viennent pas contrarier cette disposition de la nature à reparer toutes les déperditions végétatives; mais, ne pouvant reporter du terrain sur ces cîmes délabrées , il faudrait les vouer à un entier repos , et si on en trouvait le loisir , les parsemer de creux de deux à trois pieds de diamètre , très-peu enfoncés , où des rigoles feraient descendre les eaux des pluies ; à la longue, il s'établirait une végétation moins pauvre que si la superficie des pentes était lisse et sans moyen de prolonger la fraîcheur qui , dans ces sites roides et découverts , est d'une courte prépondérance. On pourrait essayer encore la naturalisation du kloukva qui transperce les rochers du nord, drageonne beaucoup et produit un fruit ressemblant à la fraise ; mais les bocages résineux, sans compter sur leur revenu direct, donneraient plus de dépouilles de gaz à la terre, et ils parachèveraient plus tôt le rétablissement des pointes de nos champs.

La forme et le nom de notre charrue rappellent l'araire des Romains. Cette machine, précieuse pour les fonds sablonneux et raboteux, passe, sans accrocher, autour des rochers, qui font tant de taches sur nos terres. Elle a aussi le mérite de ne coûter que cinq ou six francs, toute organisée, et de ne pas même revenir à ce prix à la multitude des laboureurs qui fabrique leurs outils aratoires. Cette épargne dans les avances de l'agriculture est une distinction qu'il ne faut point abdiquer prématurément, sans qu'une large aisance en donne le droit. Je sais que plusieurs de nos instrumens sont défectueux, que, des socs défendus par de gros silex qui augmentent le frottement, un contre-éfilé, un ensemble sans *entrant* et à petite puissance, ne sont pas d'excellentes pièces pour les labours unis, les défrichemens et les terres des vallées ; mais on n'ose admettre la possibilité d'une réforme radicale, qui n'est point de l'essence de notre position pauvre et mesquine. Cependant, pour les spéculations rurales bien ordonnées, il faudrait prendre la charrue belge, ou celle de Domsbale, qui, dans plusieurs cas, quadruplerait le rapport des champs, surtout des *Fonsaou*, ou des raies de trois ou quatre pouces, qui peuvent préparer la couche légère des coteaux, attaquent mal des champs profonds, où, en ne renouvelant jamais la terre, la fécondité reste enfouie et comme n'existant pas.

Nos laboureurs alignent et égalisent symétriquement leurs sillons, leur adresse manuelle est très-remarquable ; mais dans quelques conjonctures elle n'est pas raisonnée avec une juste intelligence , puisqu'on ne différencie point les travaux proportionnellement aux expositions. Il me paraît que, sans changer les charrues , il y aurait à gagner à labourer les champs de première classe autrement que les sables. On défonce très-bien les terres en creusant un trait aussi bas que l'araire peut aller à l'aide d'un double attelage. La deuxième raie s'éloigne à une distance équivalente à la largeur d'un sillon. On place les bœufs dans les deux ouvertures déjà faites , de manière que la charrue en éprouve un ravalement qui lui permet de mordre le terre-plein intermédiaire , et de ce qu'il n'a plus le support du terrain environnant, il s'ouvre souvent à huit et dix pouces.

En cultivant les versans , on devrait ne point obliquer les sillons , mais les prendre en travers des pentes , sans les découper par de grandes raies d'écoulement. Ce n'est guère dans les situations montueuses, que les eaux sont dangereuses à conserver. Ces fosses servent de tracé aux ravins qui finissent par se former sur toutes les montagnes en culture. Il faut toujours dissiper les engrais dont la meilleure partie s'échappe par ces sillons perpendiculaires , entièrement hors-d'œuvre.

Une oreille mobile, adaptée à la charrue, et tournée du côté d'en haut relèverait le terrain qui, sans cela, retombe continuellement ; et quand on arrive à la lisière inférieure, au lieu de donner le dernier trait au bord des tertres et des chevets de soutènement, il serait prudent de se retirer au moins à un pied , afin que la terre trouvât un obstacle à ce qu'elle fût précipitée au delà des champs.

Sur les pièces plates et sans égouts, si l'humidité n'était pas chassée par des canaux subtéranés , au lieu

de labourer uniement, on façonnerait des planches
bombées qu'on surélève en ramenant au milieu la terre
des deux flancs avec un soc d'un seul versoir. La cour-
bure de ces bandes, d'une largeur de quinze à vingt
raies, suffit pour que les eaux soient épanchées dans
les rigoles de séparation qu'on doit tenir libres, et
autant que possible, orientés vers une issue naturelle,
ou faire aboutir à un fossé de décharge.

Nous dédaignons l'emploi de la herse et du rouleau
dans quelques positions très-froides, la couverte à la
charrue enterrant plus bas, il est vraisemblable qu'elle
ne doit point varier; mais s'il est vrai que le seigle
profite moins à être semé sous des sillons, ainsi que
l'affirment plusieurs auteurs, il y aurait, en général,
intérêt à faire les couvertes à la herse, qui abrége le
travail, nivelle le sol, permet de moissonner raz et
dispose mieux le terrein à la culture des plantes jetées
sur le blé en verd. Je suis trop peu exercé sur ce
procédé pour insister sur son application à nos montagnes, seulement j'observerai que dans les champs
très-inclinés les raies mitigent les dispositions des blés
épais à verser; qu'elles retiennent la terre, les semences, l'engrais et la fraîcheur, et peut-être qu'elles
ont action sur d'autres influences physiques. Aux terres
des plateaux, ces considérations seraient peu con-
cluantes; et en définitive, il est essentiel de faire
des essais à cet égard. Dans l'arrondissement granitique et froid de la Haute-Loire, la herse est substi-
tuée aux labours; il en est de même dans la haute
région du Forez, rien n'indique que ce changement
ne soit pas favorable, et pour les semences du printemps, il ne paraît pas douteux que nous aurions un
bénéfice à herser nos champs.

Cette innovation conduirait indubitablement à rouler
les seigles, dont la perte est provoquée par le soulè-

vement des terrains légers et sans adhérence. La terre imbibée d'eau occupe moins de place que quand elle est glacée ; dans ce cas, elle se gonfle, et toutes les molécules se séparent. Ce phénomène est fort commun dans un pays comme la Lozère ; les variations de gel et de dégel y sont imminentes, et les céréales périssent moins par la vivacité du climat que par ces alternatives de température qui les exposent au hâle, suite du boursouflement du sol ; d'où on doit inférer que le rouleau en passant sur nos champs à l'entrée et à la fin de l'hiver, pèserait sur les sables, les comprimeraient, et leur défaut de compacité n'aurait plus ces déplorables conséquences.

Les semoirs, l'extirpateur, la houe à cheval et diverses machines perfectionnées sont à un délai indéterminé de nous, qui ne peut être franchi que pour les exploitations entièrement régénérées ; mais afin de débuter par les opérations, les plus simples fondemens d'une restauration radicale, il serait utile d'épierrer les champs parce que la charrue, la herse et le rouleau y marcheraient sans difficulté. Ce n'est point d'un epierrement minutieux qu'il peut être question ; des rochers d'un certain calibre sont imbrisables, d'autres fragmens font des réfracteurs où, durant les chaleurs, ils ombragent les terres. Le poids des petits cailloux repousse les soulèvemens des fonds sablonneux et leur mélange avec le sol, assure un desséchement aux champs en plaine. Chaque agriculteur doit juger ce qu'il est convenable d'entreprendre pour augmenter la surface cultivable, clôre les héritages, établir des murs d'appui et diminuer les entraves du labourage sans préjudicier aux effets attribués à la présence des pierres sur les terrains exploités.

La culture à la bêche procurerait une amélioration sur le produit des *fonsaou*, il peut en coûter quatre cinquièmes de plus que pour le travail à la charrue ; mais il n'y a pas de proportion entre le rapport, ni sur la durée de la fertilité procurée par l'une ou l'autre méthode. En 1800, les terres qui entourent la ville de Langogne, étaient peu recherchées, elles s'affermaient et se vendaient difficilement. Alors on quitta la charrue, ses champs furent piochés, leur valeur a toujours été en croissant, parce que les produits dépassent tout ce qu'on aurait pu imaginer en ce genre ; et si on voulait cultiver des plantes pivotantes, les plus ardues réussiraient dans ces sols meublés et bien préparés. Sans doute que sur un grand territoire peu peuplé, les frais d'une pareille spéculation seraient ruineux, si l'on avait la prétention de l'appliquer intégralement et sans suspension ; mais en divisant le minage en plusieurs périodes, et n'y destinant que les pièces où il serait évidemment heureux, on pourrait compter sur des bénéfices étendus.

Je ne terminerai pas ce chapitre, sans rappeler que le seigle veut être semé de bonne heure, et que plus la récolte reste en terre, plus elle est belle. Il faut pour cela se prémunir contre les retards des moissons et avoir des semences disponibles, sans compter sur le produit de l'année. Le seigle donne un sixième au-dessus du froment, c'est notre unique blé et nous ne serions pas excusables de diminuer par impéritie les profits de sa culture. Néanmoins, si les hautes montagnes ont des récoltes précaires et souvent nulles, en examinant les coutumes des agriculteurs, on reconnaît que ces accidens doivent être imputés à ce que le grain est semé tardivement, et que la plante molle et tendre se flétrit aux premières gelées, et dans la généralité du pays, nous ne soignons point assez le choix des semences. Il est quelquefois nécessaire de les changer, de n'employer que le grain extrêmement beau et pur. Plusieurs laboureurs agissent d'une manière tout opposée; ils vendent le meilleur blé et sèment ce qu'ils ont de moins bon. Il n'y a point d'économie qui ressemble mieux à une déception, en battant les gerbes à la main, la fleur du blé tombe, et ce n'est que ce premier produit qui doit s'employer, après l'avoir vané, criblé, et même trié, s'il en était besoin.

# CHAPITRE V.

Des Jachères. — Des successions de récoltes. — De la culture et des bénéfices de quelques productions intercalaires.

Je ne veux point rappeler en détail ce qui a été dit mille fois pour ou contre les jachères; ces argumentations ne dissipent pas les vagues incertitudes des agriculteurs, c'est par des faits de localité, plus caractéristiques que des raisonnemens, qu'il faudrait discuter cette question. La chaleur du zèle rend quelquefois les détracteurs des jachères trop tranchans ; ils ne font point attention que ces friches sont en plusieurs cas moins IMPRODUCTIVES qu'ils ne l'annoncent, qu'il est impossible de les supprimer sans être dans une situation relativement assez progressive pour que toutes les branches de la culture aident à cette réforme; et que, si le vulgaire prend ses préventions dans ce qui lui est démontré être vrai, en ce qui le concerne personnellement, on ne le dirigera point avec des exhortations dogmatiques.

Si on observe avec le projet de s'instruire, on verra que nous avons des modèles sensibles de chacun de ces systèmes. Cependant, ces contrastes et le retard mis à effacer leur imperfection sont inévitables ; car un plan de cultivation n'est pas bon parce qu'il est imité d'une culture prospère , mais parce qu'il est plus profitable dans chaque spécialité, puisque la diversité est l'ame de l'agriculture.

Dans les montagnes granitiques , les grosses fermes sont assolées à long cours de rotation. Les terres ne sont ni assez riches ni assez pourvues d'herbages pour autoriser une autre répartition , qui ne donnerait pas du seigle aussi pesant , aussi propre et en si forte abondance. Ces propriétés à novales, par tierce partie , ont quelques quartiers supportant un assolement continuel, mais ils ne sont comparables en rien à la masse des labours ; ils sont trop peu importans pour être censés en déranger l'ordre.

Par le chapitre antérieur on a déjà pris une idée de ce que sont , sous quelques rapports , les labourages sans mesure. Dans l'état du pays, ils est à présumer que nos hivers , nos habitudes manufacturières , nous détournent un peu de l'industrie rurale. D'ailleurs, la coupe des foins , des blés et les semailles se touchent de manière que pour être faits à temps , des travaux étendus nécessitent des frais , des avances dont les probabilités de recouvrement diminuent en raison même de leur motif de renchérissement ; alors de longues jachères fertilisent , épurent les moissons, soutiennent la propagation des troupeaux, fortune des montagnes, et finalement les engrais ; les soins n'étant usés que par un tiers des champs , leur exploitation est d'un bénéfice plus réel que ne le serait celle de la totalité , fatiguée par une reproduction uniforme dans son espèce , et détériorante par ces accessoires.

C'est d'après ces considérations que les jachères doivent s'apprécier , et il me semble que leur abolition ne peut être précipitamment amenée pour les corps de ferme à plusieurs charrues, où l'on ne se serait point assuré, par des expériences bien constatées, des moyens d'une refonte générale de l'assolement. Nous avons des possessions semées de deux en deux ans ; mais on est si persuadé des avantages des friches à lente rotation, que les domaines à trois labours sont plus estimés, quoiqu'ils ne soient dissimilaires aux premiers que par cette seule organisation. Le mode d'une année de jachères nous a été transmis par les Romains [1]; ils avaient des semailles TRIMESTRIALES entre les moissons de blé, qui correspondent à la culture des grains que nous désignons sous le nom de MARSINS ; mais nous avons eu le tort de prohiber les plantes à fourrage, et à les enterrrer, comme engrais qui formaient le complément de leur assolement bisannuel.

En définitive, avec les jachères à trois et à deux révolutions, nous avons des exemples d'une culture non interrompue, je ne dis pas sur les terres de prédilection des FONSAOU, mais sur des héritages médiocres, où le zèle et les efforts des cultivateurs ont opéré une entière métamorphose [2]. Ces territoires, divisés entre plusieurs mains, ayant pour annexe des paccages communs qui laissent sans inquiétude sur le sort des moutons, se fument peu ; mais chaque fonds est clôturé, terrassé, des façons ameublissent supérieurement le sol et les semences interposées avec sagacité en seigle, raves, blé de mars, vesces et pommes de terre, il n'y a jamais de cessation de produit, ni décroissance dans les récoltes. Ce n'est point sans sacrifices que l'on est arrivé à cette amélioration, cependant elle n'émane pas uniquement de l'amour de la propriété, ni des seules occupations champêtres,

---

[1] Columelle. Liv. II. Varron, etc.
[2] Entre autre au village de Condres.

car, dans le village manufacturier d'Auroux, la dislocation d'un grand domaine, amodié en petites parcelles, a procuré la défense immédiate des cultures, l'établissement des ados et un si bon gouvernement des labours et des semences, que le prix de location, tout en ayant augmenté, se paye sans gêne, puisque cette exploitation dégagée des vieilles traditions de culture et d'assolement, assurent l'aisance de ceux qui y participent, tandis que les fermiers généraux s'y dérangeaient toujours, se ruinaient souvent, et ne travaillaient point à bonifier le capital de la terre, comme on l'obtient de l'entreprise actuelle. C'est là que l'on peut dire, avec le poète des champs :

« Le plus riche est celui qui travaille le mieux. »

Il est donc vrai que ce n'est ni la nature du terrain, ni la position géographique, ni notre ignorance, qui empêchent la destruction des jachères. Sans avoir fait des essais raisonnés, sans savoir ce qu'étaient les pratiques d'assolemens annuels créés en Flandre, commentés par les Anglais, et qui nous sont revenus comme une invention d'outre-mer, nous avons gravi assez haut par l'appui de notre instinct, pour que les lacunes de nos assolemens, entr'autres celles des plantes à fourrage, soient comblées ; mais, c'est surtout par l'agglomération des bras et des capitaux que les jachères sont utilement et promptement déplacées. On ne peut improviser la population, et les ressources de Condres et d'Auroux, etc., aux limites cultivables, quoique désertes, du palais du roi ou de la Margeride, pas même à des points interlinéaires ; ainsi des catégories de soles à trois ou deux périodes de rotation, ne se transfigureront point instantanément en cultures aussi perfectionnées qu'autour de nos gros villages ; mais.

avec des avances, des machines et un assolement ordonné d'après l'industrie privée des laboureurs, on se dispense en tout ou en partie de la division du travail qui est le premier secret de l'agriculture des pays montueux. Avec des charrues labourant bas, des herses qui expédient la couverte, la houe attelée qui active les binages, la faux à playon pour couper les blés, l'instrument à retourner le foin et à battre le grain, ainsi que diverses opérations mécaniques, peu de monde fait beaucoup d'ouvrage ; et si l'on approprie la culture aux indications exactes des exploitations, n'étant plus impérieusement entraînée aux frais, aux abus d'un produit unique, la variété des moissons intercalaires permet de pencher tantôt vers les grains, les légumes, les fourrages, selon les nécessités des entrepreneurs, et ce que prescrit la conservation du sol.

L'art des assolemens à son archétype dans la transmission naturelle et inépuisable des végétaux, depuis la frêle graminée jusqu'aux arbres des forêts ; il y a des changemens d'espèces, mais on ne voit point de terrain sans végétation. C'est à l'esprit de ce repeuplement libre et continu que l'on doit se fixer pour réédifier les bases des successions de récoltes. En Judée et dans l'antique Italie, berceaux de l'agriculture, on accordait par sept ou quatre ans une année de jachère, pour ranimer les terres, et éviter qu'elles ne se sallissent ; mais en remettant à de longs retours les mêmes espèces de semailles, plaçant entre elles des genres et des familles opposées : par exemple détourner la répétition des céréales, les alterner avec des racines, des légumes, ou mieux encore, les couper par des plantes à faucher, alors on se passe de toutes les jachères, puisqu'il y a compensation dans l'absorption terrestre. Ensuite les labours, les engrais maintiennent la végétation dans sa force, quoiqu'elle soit sans repos.

Les jardins prouvent ce que l'industrie peut conquérir. C'est précisément leur exploitation qu'il faut imiter dans l'assolement des champs; cependant avec les disproportions qu'il serait déraisonnable de pas savoir supporter.

Ces règles établies, la réduction ou même l'abolition des jachères étant déjà consacrée par quelques-unes de nos coutumes locales, il n'y aurait rien de si simple que d'en éloigner et d'en généraliser les effets. Cette innovation, prudemment conduite, est en harmonie avec tous les avantages signalés dans mes précédentes observations ; ses bénéfices ne s'évaluent point ici, parce qu'ils paraîtraient exagérés à quiconque n'a pas le soupçon du grand produit des assolemens perpétuels. Dès-lors j'aurais peut-être à me reprocher d'avoir éloigné, de cette réforme, les hommes qui voient des illusions décevantes dans les combinaisons nouvelles, et s'en font un bouclier pour cacher leur indifférence et l'inspirer aux autres.

Dans les successions de récoltes, on trouvera à multiplier nos productions territoriales, car on n'est nullement obligé de s'en tenir à celles que nous avons. Le froment n'est point interdit aux terrains granitiques, où quelquefois il est plus productif que le seigle. On en prendrait des preuves au sein de nos montagnes, où une variété sans barbe, à tige creuse, à grains jaunes et tendres, venant du nord, a parfaitement réussi sur un fonds de bonne qualité, mais incomplétement assolé. Les fromens du midi à graine dure qui craignent les gelées, seraient propres aux semis du printemps. Dans cette classe sont les tuzelles, le blé à miracle, etc. Un des premiers, tiré d'Avignon, a rendu dans un bon fonds jusqu'à dix pour un. Par l'intercalat du trèfle, des provinces aussi sablonneuses, aussi froides que la nôtre, sont arrivées à cultiver du froment, où le seigle seul pouvait l'être, et si le blé vient sur nos terrains effrités, c'est une espérance de plus pour sa naturalisation à venir.

L'épeautre, qui représente l'*arinca* des anciens, ne gèle jamais, et donne de bonnes récoltes dans les champs où le seigle végète mal. Une préparation est nécessaire pour enlever au moulin la double balle de ce grain ; mais dans le pain il est préférable à l'orge ou au mauvais froment ; en gruau il est exquis. Aux régions très-froides, l'épeautre lutterait contre les intempéries qui ravagent les céréales ; enfin, partout il s'entremêlerait avec profit aux rotations des récoltes.

Le riz de la Cochinchine à épis plats, à grains égaux et menus, qui n'est qu'une variété d'épeautre, sert aux mêmes usages, pousse dans les mêmes expositions. Porté dans la Lozère, la moyenne de trois récoltes sur des terres d'élite a été de vingt-six épis par touffe provenant d'un seul grain, par les semis d'automne ; car ceux d'avril n'ont pas approché de ce taux. Il paraîtrait que fauché de bonne heure pour fourrage, on retire autant de riz que si cette coupe n'avait point été faite. Néanmoins, je n'ai des renseignemens, ni assez sûrs, ni assez détaillés pour rien affirmer à cet égard ; mais faudrait-il renoncer à ce double rapport, que cet épeautre, par la richesse et les qualités de son grain, serait une des colonnes des assolemens.

Le seigle de nos montagnes soutiendrait toutes les concurrences, on ne peut donc le changer que là où il aurait perdu sa beauté. Le pays suffit à ces mutations ; mais le seigle rouge de Russie, et quelques autres variétés recherchées dans le nord, amélioreraient les moissons dans certaines positions. Le seigle dit de la St-Jean, parce qu'il est mûr vers cette époque, conviendrait à cause de sa précocité. La *tramise* du printemps pourrait être plus rendante si, de période en période, on l'employait comme blé d'hiver.

L'orge cultivée jusqu'au pôle profite dans les champs granitiques ; cependant, sur les plateaux maltraités par le climat, des essais de cette céréale mettraient peut-être en valeur une plus grande quantité de terres. L'orge à éventail de Pologne, et celle à épis à deux rangs, entreraient dans les soles voisines de la Margeride. Lorsque les blés périssent sous les neiges, pour ne pas perdre l'engrais et toutes les façons d'automne, des semis d'orge indemniseraient de cette perte, et la qualité d'hiver très-hâtive serait une ressource pour les cantons tardifs.

L'avoine, dont l'homme et les animaux tirent un si grand parti, n'est point assez cultivée dans nos montagnes ; elle s'intercalerait dans nos moissons sans danger pour la fertilité des récoltes futures. Cette plante septentrionale doit être en concordance à notre sol, au climat et à toutes nos habitudes sur l'éducation du bétail. L'avoine blanche, celle à deux barbes qui prospèrent dans les terrains arides, la noire qui résiste à toutes les gelées, celle de Hongrie très-féconde, fournissent plusieurs moyens d'étendre la culture de cette graminée.

Le Sarrasin, bien que d'origine Africaine, n'est pas incompatible avec quelques positions montueuses, non après les chaumes d'été, mais semés au printemps. C'est dans les fonds légers où il graine le mieux et, sous ce rapport, il devrait être plus planté qu'il ne l'est parmi nous. La variété dite des kalmouks vit sur des fonds glacés à deux pieds de la surface, par conséquent, sur nos sommets elle supporterait toutes les températures. Le blé noir fait des bouillies, des gâteaux à la manière des gauffres ; cette farine engraisse la volaille, le grain se donne au bétail, et les fanes enterrées avant la fleur font le meilleur engrais de ce genre. J'ai vu dans un village de mon arrondissement deux expériences en sarrasin ; si on a abandonné sa culture, c'est par toute autre raison, que par le non-succès de cette transplantation.

Les lentilles, les pois verts et blancs, les vesces, les haricots de toutes les variétés diversifieraient les assolemens ; nous sommes en possession de la plupart de ces plantes, il n'y a que des profits à attendre de l'augmentation de leur culture. Nous dépensons beaucoup d'argent à importer ces légumes, et de plus grandes récoltes tourneraient à l'avantage réel et indirect de toutes les exploitations.

Les fèves dites féveroles et celles de marais, semées après l'hiver, s'acclimateraient sans doute à notre température mitoyenne. Le blé venant sur cette culture est presque toujours beau, et il serait intéressant de s'appliquer à cette introduction, autant par cette considération, que par le bon usage des fèves dans l'économie champêtre.

Le plâtre assure d'énormes produits chez toutes les plantes papillonnacées, la maigreur du terrain ne paraît plus compter, si on use de ce procédé, particulièrement sur les sols granitiques, où cet engrais a une haute efficacité.

Les plantes textiles auraient, selon moi, une place dans nos assolemens. Nous déboursons, en acquisition de linge, de l'argent qui sort du pays, et notre aisance est trop limitée, pour que les cultivateurs aient la santé que la propreté donne, car ils sont enveloppés et couchés dans des haillons rarement changés et blanchis : l'intérêt, les douceurs de la vie rurale doivent faire attacher du zèle à ce que la toile ne soit point un luxe, et les mécaniques laissant oisives les fileuses de laine, la préparation du fil assurerait le bien-être de beaucoup de ménages.

La culture du chanvre était très-connue de nos pères ;

des titres anciens indiquent des terres à *chibre* là où cette plante est totalement oubliée; pourtant elle vient très-bien dans les bonnes terres granitiques. Les belles récoltes du canton de Saugues en feraient foi. Par conséquent, avec des labours et des engrais abondans, on pourrait réintégrer le chanvre dans les petites exploitations.

Les lins flamand et du midi viendraient également dans nos montagnes; les terres légères plaisent au premier; pour tous les deux il faut fumer vivement, semer sur des planches bombées et à peine enfoncer la semence, on sarcle dans les jeunes plantes; mais, lorsque les lins s'élèvent, on n'y touche plus.

Il y a plusieurs variétés de lins; il s'en rencontrerait qui pourraient s'identifier d'avantage les uns que les autres à certaines expositions. Les lins de Riga et de la nouvelle Zélande sont plus rustiques, et il est probable qu'ils s'acclimateraient aisément dans la province, si on essayait de les y naturaliser.

L'ortie indigène à toutes les latitudes, semée en automne sur des champs peu labourés et fumés, utile comme fourrage, traitée pour sa filasse, remplacerait le chanvre ou le lin. En Egypte, cette culture était répandue, elle l'est aussi dans le nord de l'Europe; et pour nous, elle mérite une attention particulière, puisque nous sommes dans les conditions où cette plante serait une amélioration pour nos assolemens.

De la graine de lin, du chanvre et de l'ortie, on extrait des huiles qui ne peuvent être que d'un bon débit; mais, manquant d'huile, l'achetant à grand frais, les plantes plus oléagineuses suppléeraient à cet invénient.

Le pavot qui se resème naturellement dans nos jardins, ne redoute pas le froid et se répandrait en terre, en automne ou en avril; mais en pivotant beau-

coup il lui faut un sol profond. On le recouvre légèrement avec des épines; on bine une ou deux fois ;
on arrache les plants inutiles , on récolte en abaissant
les tiges sur des draps , ou on secoue les têtes, ou
bien on les coupe et on les concasse.

Le colza à fleur jaune traverse nos hivers. Des
essais récens en donnent la certitude, et prouvent son
immense fécondité. On laboure trois fois, on fume
en plein, on sème à la volée et assez clair, entre sep-
tembre et octobre; en avril on pioche , on repique les
vides avec du plan de pépinière qu'on ménage pour
cela. Environ six semaines après, on donne une seconde façon. Lorsqu'on coupe le colza , il faut s'y prendre avant le lever du soleil pour qu'il s'égraine moins.
On met les tiges sur une charrette garnie de toile, on
fait des tas où l'on laisse circuler l'air ; au bout de
quelques temps on peut battre.

La culture à la bêche et la plantation à la main ,
à la distance de quinze ou dix-huit pouces, est plus
sûre, plus fructueuse , mais elle est chère , et toutes
les situations ne lui sont pas favorables.

La navette d'automne , concourt avec le colza à fournir de la graine à huile, elle veut à peu-près les mêmes
travaux; seulement , en la sarclant , on peut éviter le
binage.

La cameline si agreste est à sa maturité en trois
mois dans les terres arides , et sans qu'on soit tenu de
s'en occuper autant que des plantes précédentes, durant
sa végétation. La cameline doit s'espacer à près de six
pouces. On récolte avec les mêmes précautions que
pour les pavots et on attend que le mucillage devienne
huileux pour presser cette graine , ainsi que toutes
celles analogues.

Les choux, les raves entreraient dans les assolemens de cette espèce ; mais il serait dangereux d'ad-

mettre ces plantes, toutes épuisantes dans des successions de récoltes où elles figureraient avec fréquence ; d'ailleurs tant que nous serons sans moulins à huile, les voyages, le prix de la fabrication, l'abandon des tourteaux qui profitent si fortement au bétail et aux champs, rédimeront cette spéculation qui ne sera avantageuse qu'avec des usines centrales.

La gaude et les plantes tinctoriales, si elles avaient un débouché, pourraient être cultivées sur nos terres granitiques ; mais en plusieurs occasions elles seront sans acheteur d'après l'état présent de l'industrie et des communications.

Les pommes de terre ne sauraient assez se prodiguer dans les assolemens ; mais pour qu'elles produisent beaucoup sans dégénérescence, au lieu de les couper par quartier, il faudrait les semer entières, parce que toutes les plantes herbacées s'altèrent en se divisant ; elles ne devraient point se planter en raies ; mais en groupe de deux ou trois tubercules, entourées d'un peu de fumier, et buttées en cercle avec le terrain du pourtour. A mesure que la tige pousse, on relève de la terre contre et successivement jusqu'à la pointe du bouquet ; par ce procédé on sextuple la multiplication, et pour ne rien perdre de la surface entre chaque monticule, on cultive des touffes de pois, de haricots et de potirons. En Amérique, on ne connaît que cette manière de semer les pommes de terre et dès que cette solannée nous vient du Nouveau-Monde, il est vraisemblable que nous ne pouvons rien faire de mieux que de suivre la culture par laquelle ses produits y sont considérables ; si cette exploitation est plus coûteuse d'abord, elle a sa compensation intrinsèque ; mais le travail à la pioche épargne deux labours pour la récolte postérieure, ce qui doit égaliser tous les frais. Cependant, nos labours pour la culture sont dans le système actuel ce qu'il a de mieux ; ils représentent les bonnes façons des cultures en lignes.

Je n'aborderai point les nombreuses recettes contenues dans les volumineux éloges de la pomme de terre pour l'employer avec le plus de diversité, d'agrément ou de profit ; je voudrais cependant raconter quelques-unes de ses formules qui paraissent s'adapter à notre économie agricole, pour apprendre à compter plus fermement sur la culture de cette plante.

La fécule de pomme de terre entre pour le tiers, ou le quart dans la panification d'un pain qui reste long-temps frais, et qui n'est ni lourd ni de vilaine apparence ; mais pour abréger, après avoir lavé les pommes de terre, on les rape à sec, on met ce produit dans des paniers, on laisse égouter trois heures ; on ajoute à ce résidu la dose de farine de seigle dans la proportion qu'on adoptera ; on pétrit le tout ensemble avec de l'eau très-chaude ; pour que le pain soit mieux percillé, on repétrit une seconde fois, et on ne fait les formes que de vingt à vingt-cinq livres, sans quoi la chaleur ordinaire du four ne serait plus assez élevée.

En Allemagne, les pommes de terre cuites à la vapeur ou sous les cendres, se mélangent avec le beurre par tiers ou moitié. C'est dans la crême que l'amalgame s'opère, on baratte comme de coutume, les matières se lient à merveille et sont d'un fort bon goût ; les fromages se composent de même. La BARATTE et tous les apprêts laiteux de nos ménages recevraient cette adjonction qui en ferait baisser la valeur sans en diminuer beaucoup le mérite.

Le sirop de pomme de terre mettrait les cultivateurs dans la position de fabriquer de meilleures boissons, et d'économiser toute dépense en sucre.

Sur cent livres de fécule on verse assez d'eau pour faire une bouillie très-claire, on y jette trois livres d'huile de vitriol, cela est préparé dans une cuve en bois, parce que dans du cuivre, l'acide sulfurique ferait dégager un véritable poison ; une chaudière placée à côté, avec un couvercle soigneusement luté laisse échapper la vapeur par un bec, qui plonge dans la cuve en bois et la met en ébullition ; un feu ardent tient l'eau assez raréfiée pour cela ; une fois que le mélange bout, on modère la chaleur pour que la cuisson soit douce et dure six heures ; alors le sirop doit être fait. Pour détruire l'acide qu'il contient, on répand de la craie ou blanc d'espagne pilé ; une mousse légère se montre à la superficie ; dès qu'elle s'affaisse on soupoudre encore de craie ; et s'il n'y a plus d'effervescence, on discontinue, puisque la saturation est entière. On laisse reposer, après on décante en prenant garde que le précipité ne trouble la liqueur ; on verse ce sirop dans une bassine en cuivre, on la place sur le feu et on fait évaporer le principe aqueux, jusqu'à ce que la concentration paraisse assez forte. Ensuite on clarifie avec trois blancs d'œufs battus en mousse et arrosé d'une demi-bouteille d'eau. Cette colle ajoutée au sirop, on le fait bouillir deux ou trois minutes. L'écume entraîne la crasse ; on retire avec une écumoire celle qui arrive en dessus, et on passe le liquide à la chausse pour opération finale.

La cristalisation s'effectue en faisant recuire le sirop pour qu'il soit très-concentré. Ensuite on le verse dans des vases. Ce sucre n'est pas préférable pour les qualités à la matière limpide, il n'est même ni blanc ni dur comme le sucre de canne, mais si on veut en avoir la jouissance, elle n'est pas dispendieuse ; car cent livres de farine en rendent quatre-vingts de sucre.

La manipulation de la fécule est simplifiée par le

secours d'une râpe cylindrique, surmontée d'une trémie qui l'est à son tour d'un poids qui presse et fait descendre les pommes de terre sur la râpe. Cette machine est attachée au dessus d'un baquet où tombe le résidu. Un enfant fait jouer ce moulin.

Toutefois si ces préparations étaient considérées comme des superfluités, nous aurions besoin de récolter plus de pommes de terre qu'il ne s'en recueille, puisque leur emploi n'est point en rapport avec la situation de la culture et le degré de consommation où il faudrait parvenir pour la nourriture des hommes, l'entretien et l'engrais des troupeaux.

Rozier estime les raves du Gévaudan au dessus de leurs congénères dans toute l'Europe. Que ce soit les productions de la zône calcaire ou granitique que cet écrivain ait voulu louer, il est positif que sur les montagnes on a des raves fort bonnes, et les laboureurs habiles ne pourraient imaginer rien de plus salutaire pour ménager le sol sans le laisser stationnaire, que d'accroître cette culture qui, d'infime qu'elle est sur la plupart des exploitations, devrait y jouer le premier rôle. Nos raves acquièrent un gros volume, elles sont douces et sans amertume, les insectes qui les détruisent et les font abandonner dans plusieurs provinces, ne les endommagent point, et il est probable que des labours plus profonds, des engrais meilleurs augmenteraient les bénéfices des semis. En sarclant et en binant, on améliorerait encore la culture; une façon à la charrue, comme celle donnée aux pommes de terre si on ne semait pas à la volée, suffirait, et le développement de la racine récupérerait le déficit d'une plus large plantation. Là où les automnes sont beaux, des semailles en raves sur les chaumes réussiraient peut-être, si on ne donnait pas à la terre le temps de sécher en semant au fur et à mesure des labours.

Cette seconde récolte ne coûterait qu'un labourage, point de fumier et un coup de herse, à moins qu'il ne fut constaté que l'humidité est plus constante par la couverte en sillon, d'où surviendrait l'obligation d'un autre trait de charrue. En Irlande, où les étés sont courts, pour ne pas manquer un double produit on sème les raves sur le seigle en herbe. Cette notion ne devrait point être perdue, et ces deux pratiques valent bien quelques expériences.

On sème dans nos ravières des navets de la petite espèce, mais les grosses variétés blanches et jaunes de Suède viendraient concurremment avec les raves. Ce n'est pas dans nos climats que les navets passeront l'hiver pour être mangés sur place, mais, étant robustes et bons pour les moutons, ils seraient un supplément à une rotation de récolte qu'on ne saurait trop recommander.

En Angleterre, les raves ( turneps ) importées du continent font la principale richesse de l'agriculture. Elles donnent de la graisse et du lait à toutes les races de bétail, et en soutiennent l'augmentation. Sous George I.er, lord Towshend porta d'Allemagne dans le Norfolk la culture du navet. Aujourd'hui on évalue, pour ce comté, le revenu de cette exploitation à trois cent cinquante millions de francs.[1] Cependant telle est l'infaveur des innovations que l'auteur de celle-ci avait reçu par dérision le surnom de Towshend-Navet.

Nous trouverions des avantages signalés à assoler fortement nos champs en raves, c'est former, si l'on peut s'exprimer ainsi, des prairies souterraines, qui en bénéfice ne le cèdent à aucune autre, c'est soustraire les laboureurs aux misères de leur état, parce

[1] Revue britannique, 1827.

que leur aisance ne reule que sur les troupeaux. Au reste est-il permis d'être sans enthousiasme pour de pareilles excitations, lorsqu'on connaît la fortune de ce fermier Lozérien [1] qui, par ses seules méditations s'est décidé à décupler ses semences en raves, et il n'a pas tardé à retirer de son bétail, deux fois le prix de sa ferme ; tout en ayant des moissons en céréales incomparablement plus productives que ses prédécesseurs, qui n'avaient que cette planche trop casuelle de salut.

Les carottes jaunes, excellentes dans nos jardins, cultivées en grand, s'alterneraient dans l'assolement des terres fertiles. Cette racine, dont on a appris depuis peu les propriétés pour restaurer les bêtes malades, et qui est une nourriture des plus succulentes même pour les chevaux, commence à se propager dans les fermes septentrionales de la Suisse où on est dans l'usage des plantes à biner.

Les bettes-raves de nos cantons granitiques ont plus de principe sucré, que celles des pays calcaires. Cette différence a été au-delà d'un sixième. [2] La fabrication du sucre est un objet insolite, qui ne peut se répandre dans nos déserts ; mais la bette-rave par elle-même et sa fane, devrait avoir une place distinguée dans l'alternat des récoltes. Les semis en plate-bandes, le repiquage et toutes les façons postérieures, ne pourraient dégoûter d'une culture aussi essentielle pour les fonds où elle se naturalise.

L'inexpérience des cultivateurs dans la distribution au bétail, des pommes de terre, des raves et des racines crues, engage à dire que pour ne pas s'amuser à les couper à la main, et pour épargner les frais d'une machine, on n'a qu'à fabriquer un couteau à quatre

[1] Le fermier de Montegnac, sur une des rampes de la Margeride.
[2] Essais comparatifs faits à Mercoire par MM. De Montgolfier.

lames radiées de cinq pouces de long, à la jonction desquelles on soude une virole pour recevoir un manche droit. Les racines lavées, on les met dans une caisse, un homme assis ou debout fait aller cet instrument à la manière d'un pilon et dans quelques minutes il a grossièrement haché une ration.

Les matières cuites doivent toujours l'être à la vapeur. Elles sont plus fondues et plus bienfaisantes, que délavées dans une immersion d'eau. A cet effet, on a un vase de cuivre ou de bois percé dans le fond en écumoire, qu'on met sur une chaudière, où l'on tient de l'eau bouillante. Tous ces ustensiles doivent fermer hermétiquement, moins il y a de dégagement d'air plus tôt la masse pâteuse est formée.

Enfin, si on est bien pénétré que l'agriculture de nos montagnes ne prospérera que par une succession de récoltes alternes en plantes vertes et sèches, on trouvera dans chaque position des facultés virtuelles pour exécuter l'assolement le plus convenable. Mes suggestions à ce sujet ne sont que conditionnelles, parce qu'il faut qu'un cultivateur résolve à lui seul son plan de réforme, alors il s'éclaire même par ses erreurs. Je n'ai point rangé les prairies artificielles dans les rotations de culture dont j'ai essayé de présenter le tableau. Cet actif et incontestable moyen de fertilité, a été reservé pour un chapitre spécial et complémentaire de celui-ci.

# CHAPITRE VI.

Des prairies artificielles. — De leur culture. — Des pâturages temporaires.

C'est en grande partie par les pores de leurs feuilles que les végétaux se sustantent. Ils rendent, épurés par la transsudation, les gaz qu'ils aspirent. Avant et après la floraison, il n'y a qu'une déperdition inappréciable d'humus ; mais lorsque les plantes sèchent et jaunissent, les racines sucent et prennent à la terre l'aliment des graines, les tiges même usent pour elles leurs sucs, et ces gaz entrent dans les causes efficientes de la fertilité du sol. Les plantes les attirant plus vivement au terrain, il est clair que des récoltes en céréales, ou de simples friches n'ont pas les vertus améliorantes des gazons coupés en vert, dont toutes les particules qui s'en détachent sont encore un véritable engrais. L'alternat des plantes à fourrage doit donc se juger, d'abord sur le revenu mis en regard du produit d'une jachère, mais encore par l'amélioration de tout un cours de culture. Les Romains partisans du chômage des champs avaient cependant sept ou huit espèces de moissons à faucher en fleur,[1] et les belles expériences des modernes ont trop bien démontré l'excellence de cette coutume, pour qu'aujourd'hui l'agriculture d'un pays ne soit pas appréciée d'après l'influence qu'elle y exerce ; aussi l'anglais Moriss-Birkbek qui, en 1814, a recensé la culture de la France, dit-il : « que la nôtre doit être mise à la cinquième et der-

1 Plin. nat. hist. lib. xviii, cap. 15, col. lib. ii. cap. ii, etc., etc.

« nière classe, n'ayant d'assolemens qu'en seigles et
« jachères, sans prés artificiels, ce qui est la plus
« mauvaise des exploitations. »

Sur des présomptions, et sans des faits accablans
par le nombre et l'évidence, je ne consentirai point
à croire avec les cultivateurs prévenus « que les mon-
« tagnes ne sont pas bonnes pour les prairies artifi-
« cielles. » Je sais que sur des fonds maigres ou
effrités, sous un climat sec et froid, leur végétation
n'aura rien de plus merveilleux que celle de toute
autre récolte ; mais il n'y aurait aucune raison à vouloir s'attacher à des formes gigantesques, qui nous
seront toujours refusées, et dont on est indemnisé
par les qualités nourrissantes. En jetant les yeux sur
l'herbe courte, presque grillée, mais fine, serrée et
succulente des pacages, on ne concevrait pas que le
bétail pût y vivre, engraisser et multiplier : y aurait-
il quelque chose d'approchant pour les prairies temporaires, que leur présence dans le système d'assolement hâterait la régénération sur laquelle nous devons porter nos vœux ; car si on peut débattre
quelques-unes des conséquences partielles de cette
innovation, il est impossible qu'on découvre des circonstances réellement infirmatives sur sa naturalisation, parce que les trèfles, la pimprenelle, le fromental, la chicorée, etc., dont on fait partout des
solles de prés artificiels, sont des plantes indigènes
et très-rustiques aux terrains granitiques ; et sans am-
bitionner d'acclimater d'autres végétaux, avec ceux
venant à tous les aspects, on ne désavouera point que,
cultivés en masse, ils ne fournissent des produits au
moins égaux à ceux qu'ils donnent dans l'isolement :
par conséquent, voilà les prairies artificielles trouvées
dans notre sol le plus agreste ; elles ne peuvent passer
pour être un privilége des climats moins austères et

leur addition à l'exploitation des montagnes serait si naturelle qu'elle transmettrait avec une force invincible toutes les améliorations qui en émanent.

Le trèfle à fleur pourpre, ne durant guère au-delà de trois ans, se prêterait aux combinaisons des principales rotations de labour. Ce fourrage est bon pour tous les troupeaux, en vert comme en sec, et il n'y a pas de doute que c'est avec cette plante que l'on aura le plus de ressource pour l'alternat des récoltes. On sème le trèfle seul, sur deux labours et un engrais en mars et avril, mais il est mieux de le répandre sur du blé d'hiver ou des *marsins*; la proportion est d'environ trente livres de graines par hectare. On enterre faiblement avec une herse, et pas du tout lorsque le semis a lieu sur une moisson, excepté dans les temps peu humides où on la couvre avec des fagots épineux. La complication d'une double culture est ici sans inconvénient. L'année suivante, le trèfle entre dans son plein rapport. Je n'en garantis pas la mesure; le territoire, les saisons, les soins, les engrais en feront changer la quotité, mais je peux assurer que, même par une seule coupe, avant deux périodes cet assolement aura réalisé des bénéfices qui subjugueront ses détracteurs. Pour que l'amendement des champs soit plus entier, il faudrait se priver de la dernière tonte des trèfles et les retourner pendant qu'ils fleurissent.

Le trèfle jaune, inférieur au premier, pourrait s'habituer où l'autre végéterait péniblement. Dans la Lozère j'en ai vu deux semis en rapport. Quant au trèfle ordinaire, plusieurs propriétaires en ont récolté ; j'en ai rencontré des pièces superbes, à leur seconde et troisième année.[1]

---

[1] Particulièrement à Soulages et à Châteauneuf de Randon.

La pimprenelle de nos montagnes et celle de l'Amérique du Nord, se faucherait jusque dans nos terres secondaires. Elle se sème en automne, mais au printemps elle paraît mieux reprendre. Des façons, des engrais préalables augmentent les chances de réussite de ce semis, qui se fait épais.

La chicorée se sème après l'hiver; des cultivateurs la mélangent à de l'avoine; il est rare que cette plante ne se coupe qu'une fois; elle subsiste cinq ou six ans. Ce fourage est printanier; c'est une provision essentielle des vacheries, il deviendrait intéressant d'assoler quelques-unes de nos terres avec ce fourrage.

Le fromental, ou folle avoine se sème serré. Il pousse au milieu des céréales, mais ce n'est pas avant trois ans qu'il est dans son parfait produit, il dure huit ou dix années, et ne s'adopte qu'à un ordre de labour à longs intervalles. Le fromental de nos prairies est peut-être le meilleur à cultiver dans les champs. En Suisse, il en existe une variété dite d'Italie, estimée par la finesse et la force de reproduction. En Angleterre et en Ecosse le Reys-grass (Fromental) est la pâture favorite des moutons du plus beau lainage, et ce n'est que par des semis de cette plante, que les sables improductifs de plusieurs comtés ont pu être mis en valeur.

C'est communément avec ces quatre espèces de plantes que l'on pourrait alterner les semences en céréales; Cependant cette nomenclature ne s'arrête pas là. Des observations l'étendront encore; il y a tel végétal confondu dans les productions vulgaires, qui, cultivé à part, deviendrait une cause de prospérité agricole en servant à convertir les jachères en fourrage d'une ou plusieurs coupes. D'après de pareils essais, la jarousse, de la famille des gesses, a été propagée sur une grande exploitation lozérienne.[1] Cette plante a fait accroître les troupeaux ; les récoltes en grains sont devenues plus remarquables, et cet assolement a bonifié toutes les branches de spéculation d'une ferme assise sur un terrain médiocre, où des tentatives de six années avaient fait désespérer d'obtenir du trèfle et aucune prairie artificielle. Ces jarousses travesties en fourrage sont consommées par tout le bétail et comme il est plus rationnel de s'appuyer sur une entreprise accomplie dans le pays même, que sur des suppositions éventuelles, il est donc permis de penser que les gesses et les vesces faciliteraient l'assolement des moissons vertes et sèches dans tous les monts granitiques.

La vesce de Sibérie à fleur bleue, par sa vigueur, ses grandes dimensions, serait une variété à cultiver aux plus froides températures.

Les plantes exotiques, pour notre zone, ne doivent point être exilées de nos expériences. La luzerne qui a tant de propriétés appétissantes et nutritives pousserait dans les terres profondes, ou ses longues racines trouveraient à se loger. C'est aux cultivateurs à calculer s'il est bon de retirer, pour un grand espace de temps, des rapports en céréales les champs à semer en luzerne, dont l'existence est de douze à quinze ans. Nos prés s'évaluent si au dessus des terres, qu'une luzernière, dépassant le produit de la meilleure prairie, il semble qu'il n'y a pas de domaine où ce progrès passager ne puisse être admis avec empressement.

La luzerne se sème sur des terres labourées bas et fumées ; mais un défoncement à la pioche serait préférable, c'est une dépense dont le prix rentre promptement. On jette la graine claire, parce qu'elle est fort

1 Chez le marquis de Briges, à Condres.

petite, et que d'ailleurs les plantes aiment à être au large, on peut mêler à ce semis de l'orge et de l'avoine. Si les mauvaises herbes surgissaient, il faudrait sarfouir. On rajeunit la prairie par un labour, ou en grattant à la herse ; les écorchures aux racines font sortir de nouveaux brins et ne sont point à craindre.

Ce fourrage n'est pas inconnu à nos montagnes. Je sais que sur un versant du bassin de l'Allier, tourné au nord et dans un terrain assez pauvre, on a planté de la luzerne en 1805. Les deux premières années elle a rendu trois coupes, ensuite deux jusqu'à sept ans, après, une pendant trois saisons. Alors le gazon a dégénéré, les plantes étrangères s'en sont emparées, mais la luzerne n'avait pas totalement disparue en 1821, où j'en ai vu plusieurs pieds. Le sol n'avait point été miné, on n'avait jamais fumé, ni biné dans l'intervalle des récoltes ; et de tout cela, on peut conclure que la luzerne entrerait dans nos ressources rurales, si nous voulions l'y appeler.

Le sainfoin ou esparcette de Bourgogne, qui se plait dans les terres calcaires stériles, n'a point réussi dans nos granits ; cependant ce sont des essais à reprendre. L'esparcette est le *chaffre* de l'Auvergne, où il vient sur des alluvions formées de la décomposition de nos montagnes, et il n'est peut-être pas impossible de l'y fixer. Cette plante durant près de dix années, il est nécessaire de préparer la terre par plusieurs façons, et de semer rapproché à cause de la grosseur de la graine. La variété à deux coupes est maintenant la plus cultivée. Si nous pouvions introduire ce fourrage, les moutons auraient un supplément de nourriture abondant et confortatif.

Le Maïs qui ne pourrait mûrir, planté pour être fauché en vert, donnerait une bonne récolte. Ces feuilles charnues et sucrées sont mangées par tout espèce de bétail, qui en est friand.

Il y a une telle multitude d'écrits et de traités sur les prairies artificielles et leur composition , que leur analyse serait déjà un grand ouvrage. Quelques principes brièvement définis sont tout ce qui pouvait prendre place ici. Il en sera de même des pratiques qui assurent le succès de leur culture.

Le plâtre est le véritable ferment des plantes à fourrage. Il agit plus efficacement s'il est étendu , après la pluie plutôt qu'avant, lorsque les feuilles sont assez grandes pour le recevoir et empêcher qu'il ne tombe sur la terre. On le sème en quantité relative à celle du blé ; mais, le chapitre des engrais expliquera moins sommairement l'emploi de cette matière.

La première année des semis, on éloigne les troupeaux, ils rongeraient les colets des plantes, en arracheraient un grand nombre et en détruiraient beaucoup par le piétinement. C'est surtout pour l'esparcette, la luzerne, qui sont plus tardives, que cette défense demande a être observée.

S'il se montre des cailloux à la surface d'un pré , ils doivent être ôtés, on casserait aussi les mottes qui pourraient s'y trouver, afin, que le terrain soit égalisé et que rien ne fasse entrave à la fauchaison.

Les plantes à faner ne font que de la paille sans avoine, si on ne les coupe qu'après les fleurs. Ce motif et celui de la bonne tenue des terres doivent être concluans pour gouverner cette partie de l'exploitation des prairies artificielles ; mais leur destination n'en devient que plus embarrassante. Le foin ne devrait être retourné qu'avec des fourches et le moins possible, pour que les feuilles, qui sont la meilleure portion du fourrage , n'en soient point séparées. Lorsque les bidons paraissent apprêtés, au lieu de les rentrer, on en dresse des meules peu considérables , qu'on laisse environ quinze jours empilées, selon l'état de la récolte et du temps. Enfermée sur-le-champ, l'herbe s'échaufferait et serait perdue; gardée à l'air pendant qu'elle ressuinte, elle sèche définitivement; il n'y a que l'enveloppe qui passe et noircisse. On garantit ce fourrage de la moisissure, en le rentrant frais ; mais il faut le disposer en couches minces entre des lits de paille. Ce mode est sûr et augmente la saveur de la paille.

Nos végétaux n'étant pas très-visqueux, il est probable que l'on resserrerait les prairies artificielles sans risque de grands dommages; mais aussi, il y aurait en raison de cela même, à avoir la précaution de n'user qu'avec sobriété de leur produit ; donné en vert, il est bon de faucher vingt-quatre heures à l'avance, et de faire infuser dans l'eau les rations sèches, de les hacher ou de les mêler avec d'autres provandes.

Sur les propriétés où l'acclimatement des prés artificiels ne pourrait être immédiat, il y aurait une voie transitoire qui serait un conducteur infaillible à la dernière perfection de l'alternat des moissons. Cette ressource irréfragable n'est que l'épaississement des jachères, sans rien ajouter ni retrancher à leur destination.

Quand les friches s'établissent, elles se peuplent de graminées ; mais elles ne poussent qu'à la longue et n'ont pas intégralement garni le sol, lorsqu'arrive l'époque de la cultivation; je voudrais qu'il fût fait un choix des plantes le plus en harmonie à chaque localité et qu'elles fussent semées sur le blé ou sur le premier chaume, séparément ou sans distinction d'espèce, afin que si les unes manquaient les autres pussent fonder ces parages temporaires qui, devenant très-herbus vaudraient mieux que les jachères ; par conséquent, leurs effets sur la fertilité du terrain et l'entretien des troupeaux seraient en progression décisive. Les champs a solles triennales n'auraient pas subi deux rotations pareilles qu'ils pourraient participer à une culture moins distante, et dans tous les cas, si l'on n'y intercalait pas des plantes à faucher, les moissons en céréales auraient plus de fécondité. Nos laboureurs discernent très-bien tous les genres de plus-value des jachères nues, de celles où vivent beaucoup de plantes comme le trèfle blanc, les avoines folles, etc., etc. Ainsi, aucun obstacle ne peut arrêter ceux qui voudraient profiter de cette indication absolument fidelle au plan de la nature.

# CHAPITRE VII.

**Des Prairies naturelles. — De leur entretien et de leur augmentation.**

LES prairies donnent une grande impulsion à toute la machine agronomique d'un pays où les fourrages naturels sont sans auxiliaires. Le contingent des terres arables est dominant en superficie sur celui des prés ; leur capital respectif est dans la supériorité de valeur d'un à quinze, c'est un témoignage frappant que l'agriculture est retardataire, et que mes observations antécédentes pourraient se justifier par ce seul rapprochement numérique ; car, dans les provinces françaises les mieux cultivées, dans les Pays-Bas, en Angleterre et partout où l'industrie agricole est ascendante, ces termes de rapport entre l'estimation des prés et des champs tendent à se confondre ; mais sous les nécessités de l'ordre actuel qui empirent par la longueur des hivers et l'inappétence du bétail pour la paille de seigle, unique ressouce supplétive du foin, il est fâcheux que l'entretien des prairies laisse tant à désirer, et que leur revenu ne soit pas monté à son plus haut point.

Les herbages auprès des cours d'eau continuels sont arrosés au moyen de digues bâties en écharpes, ou d'estacades fondées en travers des courans; mais les bords des rivières aplatis et sans défense, sont dégradés par les débordemens impétueux ou destructifs, comme ceux de tous les torrens. Les débâcles de glaces ajoutent aux chances de ruine de ces irruptions qui en un moment ont dévoré les rivages, et envahi des plages entières, auxquelles elles enlèvent à jamais l'espoir de toutes les végétations; et quand il n'y aurait que le mal des bords fréquemment rognés, il serait de l'intérêt des propriétaires d'arrêter les eaux qui finiraient par miner et perdre les prés contre lesquels elles battent. Des plantations opposeraient les barrières les plus rassurantes aux inondations. Les chaussées, les éperons en maçonnerie, quelque bien construits qu'ils soient, se décharnent et se rompent, au lieu que des lignes d'arbres exhaussent insensiblement le sol, les racines le consolident et raffermissent le gazon qui résiste à tous les efforts. Ces digues cèdent, ploient, mais elles sont indestructibles. Les peupliers, les saules, les frênes, les ormeaux peuvent les composer; ce n'est que touchant le courant qu'il faut planter des osiers, des ormes et autres arbustes aquatiques qui prennent vite de la consistance, servent de premiers remparts et de base aux attérissemens qui gagnent sur les eaux. Les roseaux, le chien-dent, le gramen ARENOSUM, l'anémone NEMOROSA, lient les sables mouvans, en font un tout flexible et cependant qui ne peut être remplacé. Ces plantes fluviatiles compléteraient la résistance que procurerait le boisement des prés, et il est inutile de dire qu'alors que des empierremens ne se confectioneraient et ne s'entretiendraient qu'à grands frais, on trouverait dans les plantations une économie en principal, un revenu annuel et un capital progressif. Ces digues boisées sont dans la marche de la nature : aux rives des fleuves de l'Amérique, des massifs en dessinent les contours, et c'est de là qu'est originaire le toya, dont les drageons paraissent créés tout exprès pour le palissader, afin qu'à leur abri il puisse grandir en paix et devenir un obstacle à l'écartement des eaux larges comme des mers.

Nos prés bas sont aussi dévastés par le dépouillement des coteaux en culture. J'ai fait voir les dangers complexes de ces labours et suggéré quelques idées pour y obvier ; mais en attendant qu'on soit totalement préservé de ces avaries par des mesures prises aux sources même du mal, il y aurait de la prudence à séparer les prairies des pentes de montagnes contre lesquelles elles buttent, en bâtissant des murs qui maîtriseraient les éboulemens, les empêcheraient d'ensabler les herbages, et feraient les fonctions d'une bonne clôture. Ces murailles demanderaient à être épaisses, hautes et capables de lutter avec ce qui se précipite des versans ; c'est surtout en perspective des ravins que ces retranchemens devraient se fortifier et qu'il faudrait les tenir déblayés pour qu'ils ne se comblassent point, et pussent toujours faire entrave au passage des terres et des pierres qui roulent dans les vallées, et en dénaturent le sol. Les prés de rivière étant en général à deux herbes, les cultivateurs n'ont rien à économiser pour perpétuer la conservation de ces riches héritages, sur lesquels doivent passer leur principale sollicitude.

Les prairies des plateaux secondaires moins enfoncées, plus faiblement arrosées, ou qui n'ont que des eaux adventices, ne réclament pas d'aussi amples travaux, mais leur entretien est mal conçu et comporterait des réformes.

Des sources sans force, des affluens précaires, ne signalent leurs bienfaits que d'une manière exiguë ou extemporanée sur des terres déliées qui exhudent rapidement l'humidité. Pour que l'irrigation soit pleine et convenablement assortie à chaque spécialité, il faut creuser des réservoirs à la naissance des eaux, dans les prairies ou à leur chute, si elles n'en proviennent pas. La grandeur de ces creux est déterminée sur le volume des courans et leur nombre est en considération de l'étendue de la figure du terrain, qui en prescrit l'ouverture sur une ou plusieurs lignes parallèles ou disparates. Si les gazons sont inclinés, les bassins s'excavent parce que l'on a le pouvoir de les écouler de très-près. Dans les plaines, par la raison contraire, ils se font en saillie autant que le permet le niveau des eaux; mais il serait difficile de prévoir la dimension et la pose de ces constructions. L'entendement des agriculteurs les inspirera mieux que des descriptions hypothétiques.

Avec une combinaison d'ouvrage de ce genre, un petit filet d'eau qui ronfle sur plusieurs points, peut imbiber une grande surface qu'il rafraîchirait à peine, s'il était dispersé sans art. La compression, en faisant gonfler un courant, augmente sa vitesse; en ouvrant ensemble ou séparément les bondes des réservoirs, on étend au delà de la portée ordinaire les moyens d'arrosemens, et on mouille à fond, sinon toute une prairie, au moins chacune de ces subdivisions. Ce n'est point d'être continuellement trempées que les plantes profitent, cette opération fractionnée en diverses périodes assure infiniment mieux la récolte d'un herbage, que si l'on se contentait d'y faire épancher un flux dont l'effet serait imperceptible, borné ou trop accidentel.

Lorsque les orages font déborder les ruisseaux, les gazons sont assez abreuvés; mais, par l'entremise des bassins, on conserve de quoi les humecter si la sécheresse survient; et c'est à cause de l'absence de cette précaution que beaucoup de nos prairies, qui ne s'arrosent que par des sources sujettes à tarir, sont échauffées et d'un médiocre rapport, si la saison n'est pas pluvieuse. En ménageant une irrigation de réserve, on attend sans souffrance le secours de nouvelles inondations.

Les eaux crues, froides et presque délitérées pour les prés, changent de nature étant exposées en masses stagnantes au contact du calorique et de la lumière; tel gazon désaltéré, sans profit par un cours impropre à la végétation, prendrait un tout autre aspect en réunissant les eaux qui arrivent à lui dans de grands bassins, d'où elles ne sortiraient qu'après une suffisante épuration. Cette eau reçoit une propriété fertilisante plus prononcée si on fait dissoudre dans la mare une petite quantité de fumier, de terreau, de plâtre ou d'autre engrais en poudre. Le lavage des étables et des cours mérite d'être conduit aux réservoirs d'arrosemens, et en se servant de l'eau des toitures on entraînerait sur les prairies la graisse onctueuse de tous les fumiers qui s'évapore sans bénéfice pour l'exploitation. Le curage de ces réservoirs serait lui-même un bon engrais.

Les bassins dont il s'agit se fabriquent en moëllons betonés entre deux revêtemens; le plafond se pave sur un enduit de chaux vive et de sable lavé et criblé; des corrois en terre glaise ont quelquefois autant de solidité et se font avec plus d'épargnes. On peut également boiser en plateaux jointés comme les cuves, l'intérieur de ces creux. Bien des années se passent avant que la pourriture détruise cette charpente, principalement si on ne la laisse pas long-temps à sec. La bienséance des cultivateurs décide du choix des constructions. L'important est que le but fondamental soit rempli.

Il n'est peut-être pas inutile d'observer que les réservoirs serviraient de viviers au poisson d'étang et à celui de rivière, si les eaux se renouvelaient assez habituellement pour que la truite pût y subsister. Ce produit ne serait point sans valeur; et après l'application fervente de notre industrie à améliorer les prés, par une entreprise en bassins d'irrigation, ce rapport ne devrait pas être indifférent aux propriétaires lozériens.

Nos pères semblaient avoir la persuasion que ces amas aqueux révélaient les premiers principes du gouvernement des prairies, car on aperçoit dans toutes les fermes montueuses des vestiges très-reconnaissables d'anciennes pièces d'eau, d'aqueducs et de ponts, ingénieusement pratiqués pour arroser les collines et traverser les ravins. Nous avons laissé crouler la plupart de ces ouvrages, mais ils sont la preuve convaincante que dans les siècles reculés l'entretien des herbages se traitait avec intelligence, et que nous aurions à gagner en revenant sur cela aux traditions de nos devanciers, qui sont concordantes à toutes les données de la science contemporaine.

Aux sommets primordiaux, la masse des prés est marécageuse et bourbeuse; le foin est peu abondant, et n'est pas aussi balsamique que dans les bons cantons intermédiaires. On parviendrait néanmoins à l'exsication de ces ténemens par un système bien entendu de fossés, s'irradiant vers une pente réelle ou facticement formée, en creusant une rez-mère qui ouvrirait un débouché aux eaux flottantes. Il est des quartiers, où les tranchées en pattes-d'oie et simétriquement radiées ne pourraient s'adapter, il faut percer des marais ou des sources croupissantes en plusieurs directions, et leur faciliter des sous-écoule-mens. Ces conduits se remplissent de pierrailles ou de fagots, si on veut les recouvrir pour ne rien perdre en superficie; mais les principaux dégorgeoirs doivent rester à jour, afin que leur service ne soit pas intercepté, et qu'ils puissent se désobstruer aisément. Les remblais surmontés de terre végétale restaureraient plus tôt les portions basses et bourbeuses, cependant les frais de ces avances ne sont guère proposables. Dans nos déserts, il est plus sage de chercher à assainir par des travaux moins coûteux. En desséchant les gazons gras et ocreux, si l'on dispose d'affluens de bonne qualité, ils doivent se réserver pour arroser les sections affermies; parce qu'il est des momens où elles demandent à l'être, alors on ouvre des rigoles circonvoisines des razes d'égout, pour que l'on ait la liberté de rafraîchir l'intervalle qui les divise, et s'il faut sauter par dessus des tranchées, pour que l'arrosement soit intégral, on soutient les courans dans des troncs d'arbres perforés, ou des encaissemens en planches qui n'arrêtent la circulation d'aucun conduit. La dessication des herbages n'a souvent que des résultats imparfaits, si l'on ôte toute faculté d'humecter; dans ce cas, le desséchement ne doit être que facultatif pour les sources utiles.

Ce n'est pas seulement aux derniers plateaux de la montagne que sont les prés fangeux; mais ils peuvent tous se saigner sans de grands obstacles, puisque le sol s'y prête généralement. Les communes limitrophes du département du Cantal ont commencé cette amélioration, qui n'a point encore paru sur la Margéride, où elle serait pressante à introduire, de même que dans les autres cantons granitiques; on en voit cependant un exemple sur le palais du roi, où un vaste gazon marécageux et sans qualité, est devenue une belle prairie, par des dessèchemens, des engrais et une suite bien entendue de soins. [1]

Sans avoir l'expérience particulière de ces travaux, il est rare qu'on les raisonne au premier coup d'œil, avec assez de justesse pour s'acquitter avec succès de leur tracé ; on est donc exposé à des méprises et des mal-façons. Ensuite, nos ouvriers sont neufs à manier la bêche, et craignent l'eau. Il deviendrait à propos d'attirer des conducteurs déjà exercés et des pionniers qui fassent leur état de ces entreprises. Presque tous les habitans de la Haute-Loire qui émigrent, vont fossoyer les prairies submergées de la France, surtout de la Bourgogne et de la Bresse, ils se connaissent très-bien à leur culture, ils supportent, pendant l'hiver, le séjour des terrains noyés, et nous aurions tout espèce de profit à employer ces *mareurs* adroits, robustes et capables à façonner les prés *narseux* dont le revenu n'est pas même relatif à celui des simples pâturages, tandis que l'on pourrait le faire monter au taux des meilleures prairies lozériennes.

Ces observations sur les trois classes de prés les plus formellement distinctes font abandonner les dissimilitudes moins nuancées que nos prairies peuvent offrir : parce qu'elles ne sont pas perceptibles dans des notes aussi peu approfondies que celles-ci ; mais il est des notions, bases d'une plus grande perfectibilité, en ce qui appartient au produit de tous les herbages que je dois retracer, puisque je n'ai pas appris que nos cultivateurs apportassent à leur exécution ni volonté, ni assiduité.

Ce n'est point en arrosant sans ordre et sans cal-

---

1 Les travaux de **M.** le baron Florent peuvent servir de véritables modèles en ce genre.

cul un terrain, qu'on en relèvera la végétation. La chaleur et l'humidité en sont les moteurs, mais ce n'est pas en inondant avec continuité. Il est indispensable de bien étudier la nature du sol, celle des eaux et en consultant l'état atmosphérique, on aura les élémens préalables de toute irrigation, dont il ressortira la règle de n'arroser qu'en suivant les oscillations végétatives qui ne veulent point être forcées, mais doucement secondées : c'est-à-dire, qu'il ne faut donner de l'humidité qu'à des distances de six, huit ou dix jours plus ou moins, selon les observances précitées. Avec les bassins supposés devoir être établis, si on avait des prairies un peu vastes à imbiber, que les eaux soient douces ou aigres, de fontaines ou d'épaves, il est positif qu'en roulant sur les plantes elles se déchargent de l'oxigène et de toutes les molécules qui en font la fertilité, de sorte que, parvenues à un rayon un peu éloigné, elles mouillent, mais n'engraissent plus la terre : par conséquent, il serait nécessaire de fonder des réceptacles à l'intérieur des herbages pour que l'accumulation des eaux leur fît retrouver les réactifs qu'elles ont perdus; mais dans les arrosemens fréquens, si les herbes prennent une écume blanchâtre, ou qu'il y ait de globules vessiculaires, il y a putréfaction par excès d'humidité, et il faut ressuyer la prairie.

En automne, les sources et les courans sont grossis des infiltrations des coteaux en labours, dont elles charrient les sels. Plusieurs cultivateurs pensent que cette saison tardive ne vaut rien pour arroser les prés ; cependant c'est l'époque où les eaux très-limoneuses fument le mieux les racines, et si les glaces couvrent le gazon, la gelée lui fait moins de mal que s'il était à demi-détrempé, parce que la croûte glacée n'empêche pas le courant de fuir en dessous, et d'exempter les plantes des rigueurs de la froidure. Il n'est rien d'irrévocable sur un pareil sujet ; des essais pourront fixer les hésitations, et apprendre les exceptions ; mais de ce que les affluens qui courent sur les granits arides, n'ont que des qualités neutres, il est précieux de savoir que résoudre à cet égard, puisque en repoussant l'arrosement d'hiver, on prive les prés des meilleures eaux que puissent fournir nos sables. De ce que les améliorations rurales s'enchaînent de très-près, ces faits feront mieux sentir l'étendue des conséquences de la bonification des hauteurs d'où partent les sources, et les premiers moyens de fécondation des prairies.

Dans les comtés d'Angleterre les prés en fonds léger se tassent au rouleau, comme les céréales. Si effectivement cette opération contrarie l'évasion de la chaleur, et protége contre le froid les racines délicates, nous pourrions imiter ce procédé pour plusieurs de nos herbages.

Si une rigole d'irrigation parcourt une longue ligne, elle aura plus de chasse en se rétrécissant vers le bout, et les raies traversières au lieu d'être fendues directement, arrosent sans épuiser le courant, en les ondulant en courbe arquée. Dans les canaux qui peuvent envaser ou déchirer l'herbage, on ne touche point à leurs bords, mais à leur tête on pose une vanne qui donne prise à une petite raze qu'on tire en parallèle du grand conduit et d'où l'on prend l'eau nécessaire. Ces déversoirs conviennent souvent mieux dans la prolongation des rigoles ordinaires que des hachures. Deux piquets à rainure et une planchette en font tout l'appareil. On trempe très-uniformément les gazons par le regonflement, et on n'est pas obligé de les quadriller d'autant de tranchées.

Notre pioche à revers tranchant ( Fessou de la

Jallio ) coupe assez bien la motte ; cependant les grands couteaux allemands font en un seul mouvement six fois plus d'ouvrage et avec plus d'égalité. L'instrument éfilé a environ un pied et demi de long, quatre pouces de largeur, les deux extrémités sont coudées en dedans, en crochet raccourci. Le dos de cette lame est de quatre lignes. Au centre est la boule où entre le manche ; l'une et l'autre se montent comme les cognées. La pelle en fer est échancrée en forme de dents. L'homme qui la tient suit celui qui fend le gazon, et chaque pellée en mord de plus fortes bandes que ne le ferait une pelle pleine. Les prairies des Ubas[1] sont fossoyées avec ces outils. On peut en apprécier les avantages et en prendre les modèles, ce qui est plus sûr qu'aucune description.

Les prés maigres, et insuffisamment humectés, ne passent à de bons produits qu'avec des engrais ; mais les fumiers étant déjà plus qu'absorbés par la culture des terres, y aurait-il des laboureurs qui veuillent se dire que de la prairie venant tout le ménage rural, c'est par elle que doivent commencer les soins, puisque c'est de là que vient la vitalité des champs ? Je ne le pense pas. Cependant les déjutions d'écuries, les parcs à moutons et à bêtes à cornes feraient hausser le revenu des herbages. En sacrifiant un foin à la graisse des bœufs ou des vaches, ne quittant ni jour ni nuit la prairie, l'année suivante le rapport serait méconnaissable, non-seulement la fiente, les urines, mais le suintement animal améliorent le sol. Dans le Charollais, on ne s'y prend pas d'une autre manière pour rendre herbue les landes granitiques qui finissent par faire ces prés d'embouche si connus de tous les négocians en bétail.

---

[1] Dans l'Ardèche, à trois lieues de Longogne.

Le gyps, le plâtre fortifient les plantes des prairies sèches, le trèfle ne tarde pas à abonder sur toutes les surfaces plâtrées.

La chaux, la suie, les cendres profitent aux terrains fangeux, et font éclipser les *lèches* et les joncs.

Ces mêmes engrais en poudre détruisent la mousse ; mais on ne s'en délivre qu'en la râclant à la herse ou au râteau. Toutes les plantes qui sont de mauvais fourrage devraient être bannies des prairies soignées. La gentianne, les pannais, la ciguë, etc. s'arrachent à la pioche, avant que la graine ne les fasse pulluler.

Il faudrait encore que les bergers fussent chargés d'éparpiller les crottins du gros bétail ; en restant en place, loin de fumer, ils servent de nids à des insectes qui rongent les herbes fines et le foin qui pousse après, est rebuté des troupeaux.

Les taupes ne sont pas assez chassées. Par des piéges et du poison on les proscrirait, mais en nivelant leurs pyramides à mesure qu'elles paraissent et en ne les laissant pas se gazonner, ce labourage aurait peu d'inconvénient.

Il est des prairies usées, impuissantes à être restaurées, qui ne reviennent à un véritable rapport qu'après quelques rotations en grains, en racines et en légumes. Ces cultures sont ordinairement fort rendantes pendant plusieurs années, surtout si on ne met pas le feu. Ensuite on rétablit le fourrage par un semis. Si, comme disaient les anciens, une bonne prairie est la pièce glorieuse d'un domaine, dès qu'elle cesse de justifier ce titre, il faut être prompt à aborder tous les moyens de régénérer sa fertilité.

La fauche de nos prés n'est qu'arbitrairement résolue sur l'époque où les plantes jaunissent. Le foin et le sol perdent à cette attente. C'est lorsque les fleurs s'effeuillent, et que la généralité des graines n'est

pas formée que l'on trouve la vraie maturité de la récolte. Ce n'est point sur la dégradation de teinte que
les qualités de l'herbe se préjugent. Le fourrage vert
et parfumé sera toujours préféré des connaisseurs, et
l'intérêt du terrain voudrait d'ailleurs qu'il soit abattu
avant son assèchement sur pied.

La préparation de foin traîne encore trop longtemps.
Après une fauchée, les ondains ne se remuent qu'au
bout de plusieurs jours , quand la couche du dessus
est entièrement prête; alors on retourne et on ne fane
ce côté qu'avec la même lenteur. Il faudrait que le
ciel fût exorable à tous les vœux des cultivateurs
pour oser compter qu'il favorise la rentrée d'une moisson aussi inactive. Les pluies la dérangent, blanchis-
sent et dégoutent les plantes ; les rosées qui ne sont
pas évitables , les décolorent et les rendent insipides.
Ce qui finit par singulièrement rabaisser les bénéfices
des herbages; car , autre chose est une nourriture
choisie pour tous les profits des étables et l'unique
sustentation.

C'est en se mettant , aussitôt qu'ils ont fait une
place , à la suite des faucheurs qu'on doit secouer le
foin qu'ils coupent. Ce travail, recommencé plusieurs
fois dans le jour, avance assez la dessication pour que
le même soir on puisse faire de petits mamelons ou
de gros bidons. Le lendemain on répète le même mouvement, alors on le serre en très-fortes meules, et la
troisième journée voit finir la préparation. Si le temps
la retarde, la première phase passée , il n'en résulte
pas beaucoup de préjudice, et dans toute conjoncture,
on obtient un fourrage supérieur à celui traité selon
notre méthode. Le nombre des faneurs devant être
indispensablement considérable pour que le foin soit
toujours remué et ne repose pas, cette difficulté pourrait faire rejeter la réforme que j'indique; cependant

il importe peu d'avoir vingt ouvriers une semaine, ou d'employer la même quantité de journées en détail. Je ne parle point ici de la différence sur la bonté de la moisson, qui la comprendra bien, verra que de méticuleuses économies sont au-dessous de l'intellection rurale.

La précipitation du fanage est si avérée que dans les grandes fermes de quelques parties de l'Europe, on a imaginé une machine roulante, hérissée de denticules, qu'on fait marcher au trot de deux chevaux, et qui retourne l'herbe aussi bien et beaucoup plus vite que des hommes. Dans un pays dépeuplé, et lorsque l'on est dans toutes les conditions d'un pareil agent, il ne peut se présenter que des avantages à en invoquer le secours.

On serait découragé dans ses efforts pour changer la cultivation des prairies, si, comme nous le ressentons sur presque tout le pays granitique, la récolte n'était que le relief du parcours depuis l'hiver jusqu'à la fin de mai. A la mi-juin, cette aveugle et détestable coutume déflore les gazons, les mâche et en avilit le revenu. Ce n'est pas aux vallées, où la nature a prodigué ses dons, que nos herbages sont à assimiler, si des terrains exhubérans de végétation se laissent enlever leurs pousses printanières sans dépréciation dans le rapport subséquent. C'est annuler les faits positifs de l'organisme de nos prairies que de les aménager comme les pâturages les plus féconds. Au reste, ce n'est pas l'état des prés, mais la détresse des granges et des propriétaires qui fait assouvir cette consommation anticipée, revenant au moins à cinquante pour cent de déchet, et si toutes les voies supplémentaires aux provisions en fourrage étaient fermées, il vaudrait mieux distraire quelques têtes de bétail que de persévérer à les entretenir à ce prix.

Cette déplorable, et presque honteuse atteinte, aux devoirs de l'économie champêtre, est un large appendice aux considérations incontestables qui s'élèvent en faveur de l'augmentation des prairies, prévision dont on se complaît à voir dans chaque site, d'inombrables, de sûres et de faciles réalisations.

Les rivières, les fontaines et tous les courans de nos montagnes jaillissent de si haut et ont un cours si encaissé, que plusieurs pentes et des flancs entiers de collines à présent au-dessus des eaux, en emboiraient une assez forte dose, pour que de dégazonnés qu'ils sont, ils puissent se changer en prés, si des rigoles de déviation remplies par le secours de barrages, de vannes, et renforcées par des réservoirs, s'établissaient sur le niveau des sources et des affluens les plus considérables. En utilisant les cascades et les secousses heurtées du territoire sans de grands frais et des combinaisons hydrauliques, on obtiendrait d'incroyables résultats, s'ils n'étaient pas aussi faciles qu'ils le sont à démontrer à l'avance, l'instrument à la main. Quelquefois on aurait à aller chercher loin le point de partage des eaux; des versans très-mouillés auraient pour pendans des revers à sec; mais il n'est pas présumable que la dépense de ces dérives, ou des chénaux pour franchir le surbaissement du sol, ni aucune autre construction aient de quoi anéantir les bénéfices d'une amélioration aussi prépondérante sur le succès de toute l'agriculture Lozérienne. Des empêchemens se rencontreraient peut-être dans le défaut de participation des riverains qui, désintéressés dans le tracé des conduits, ou ne voulant point y adhérer, refuseraient le passage; nos lois n'ont pas résolu tous les cas d'une semblable opposition; mais il serait à espérer qu'éclairés sur cette opération, ou affranchis de toute résistance par des transactions, les propriétaires qui se concerteraient pour fonder un arrosement, dès qu'ils se convaincraient par des chiffres de son résultat, pourraient l'accomplir sans trop de contrariétés. Ce n'est même que par des associations, par le zèle qu'elles enflamment et les moyens qu'elles donnent, qu'il faudrait tenter d'exécuter la masse de ces projets.

J'oubliais de parler de la fermeture des prés, presque tous les nôtres sont déclos ; cependant, il n'y a pas de possession où les dégâts soient plus destructifs, où il y ait autant d'urgence à les prévenir. Les haies ne s'édifieraient point partout, et le bétail qui divague les compromettraient souvent. Les fossés auraient trop de zones dures et raboteuses à rencontrer. Les murs seraient donc l'entourage le plus convenable pour les prairies anciennes et nouvelles ; mais de quelque façon qu'on procède, il est impossible de les laisser exposées au gaspillage qui en détériore le revenu.

---

## ERRATA.

Page 1, ligne 8, *au lieu de* montrueux, *lisez* montueux.
Page 7, ligne 2, *au lieu de* l'alomine, *lisez* l'alumine.
Page 49, ligne 8, *au lieu de* tentes, *lisez* tontes.
Page 95, ligne 1, *lisez* ce qu'il y a.

# TABLE DES MATIÈRES.



FIN DE LA TABLE.

www.ingramcontent.com/pod-product-compliance
Lightning Source LLC
LaVergne TN
LVHW021843170726
843503LV00003B/1044